炭素文明論

「元素の王者」が歴史を動かす

佐藤健太郎

新潮選書

炭素文明論　目次

炭素文明論

「元素の王者」が歴史を動かす

序章　元素の絶対王者

見えざるヒーロー

化学というのは、どうにも地味な、人気のない学問だ。何しろ化学の授業で学ぶことといえば、無味乾燥な化合物名や構造式の暗記、学問の内容といえば、目に見えないほど小さな原子がくっついたり離れたりしているだけだ。無限の宇宙の謎を解き明かす天文学のロマンも、生命の神秘に切り込み、画期的な医療技術を次々と送り出す生物学の華やかさも、化学には備わっていない。化学式なんて見たくもない、元素記号なんてまっぴらごめんだ、と思う人が多いのも無理はない。

が、そんな化学の世界にも、やはりヒーローはいる。今回筆者は、この知られざるヒーローに光を当て、表舞台に立たせてみたい。本書の主役になるのは、ノーベル賞科学者でも天才技術者でもなく、目に見えないほど小さな「元素」の一つだ。

化学の教科書を思い出していただきたい。おそらく開巻一ページ目に、「周期表」というものが掲載されていただろう。城壁を思わせる形に区切られた枡目の中に、アルファベットと細かい数字がぎっしりと並んだ、あの表だ。科学の進歩に合わせて周期表は少しずつ拡大しており、最新のそれには一二〇種類近い元素が収まっている。酸素、ナトリウム、鉄、金などなじみ深いものから、スカンジウム、ルビジウム、ローレンシウムなどほとんど耳にすることのない名前まで、様々な面々がそこには顔を揃えている。

これらの元素には、上から順に番号が振られている。水素は1番、鉄は26番、近頃世間を騒がすセシウムには55番といった具合だ。

周期表を眺めている分には、これら元素はどれもフラットに並んでおり、個性らしきものは感じられない。だが百以上の元素の中には、我々にとって全く他からかけ離れて重要なものが、ただ一つだけ存在する。おそらく化学を学んだ者であれば、まず間違いなく答えが一致するだろう。

その元素は、この世で最も硬く輝かしい物質になる。あらゆる情報を書き記すことのできるしなやかなメディアにも、我々の生活になくてはならないエネルギー源にも化けられる。その元素はまた、舌と胃袋を満足させる食品、病を癒す医薬などの主要な構成材料でもある。暖かい手触りの木材にも、頑丈なプラスチックにも、それは欠かせない。いや、そもそもこの元素を抜きには、あらゆる生命体の存在があり得ない。何しろ三十数億年にわたって連綿と続いて

1 H 水素													↓				2 He ヘリウム
3 Li リチウム	4 Be ベリリウム											5 B ホウ素	6 C 炭素	7 N 窒素	8 O 酸素	9 F フッ素	10 Ne ネオン
11 Na ナトリウム	12 Mg マグネシウム											13 Al アルミニウム	14 Si ケイ素	15 P リン	16 S 硫黄	17 Cl 塩素	18 Ar アルゴン
19 K カリウム	20 Ca カルシウム	21 Sc スカンジウム	22 Ti チタン	23 V バナジウム	24 Cr クロム	25 Mn マンガン	26 Fe 鉄	27 Co コバルト	28 Ni ニッケル	29 Cu 銅	30 Zn 亜鉛	31 Ga ガリウム	32 Ge ゲルマニウム	33 As ヒ素	34 Se セレン	35 Br 臭素	36 Kr クリプトン
37 Rb ルビジウム	38 Sr ストロンチウム	39 Y イットリウム	40 Zr ジルコニウム	41 Nb ニオブ	42 Mo モリブデン	43 Tc テクネチウム	44 Ru ルテニウム	45 Rh ロジウム	46 Pd パラジウム	47 Ag 銀	48 Cd カドミウム	49 In インジウム	50 Sn 錫	51 Sb アンチモン	52 Te テルル	53 I ヨウ素	54 Xe キセノン
55 Cs セシウム	56 Ba バリウム	57 La ランタン	72 Hf ハフニウム	73 Ta タンタル	74 W タングステン	75 Re レニウム	76 Os オスミウム	77 Ir イリジウム	78 Pt 白金	79 Au 金	80 Hg 水銀	81 Tl タリウム	82 Pb 鉛	83 Bi ビスマス	84 Po ポロニウム	85 At アスタチン	86 Rn ラドン
87 Fr フランシウム	88 Ra ラジウム	89 Ac アクチニウム	104 Rf ラザホージウム	105 Db ドブニウム	106 Sg シーボーギウム	107 Bh ボーリウム	108 Hs ハッシウム	109 Mt マイトネリウム	110 Ds ダームスタチウム	111 Rg レントゲニウム	112 Cn コペルニシウム	113 Uut ウンウントリウム	114 Fl フレロビウム	115 Uup ウンウンペンチウム	116 Lv リバモリウム	117 Uus ウンウンセプチウム	

58 Ce セリウム	59 Pr プラセオジム	60 Nd ネオジム	61 Pm プロメチウム	62 Sm サマリウム	63 Eu ユーロピウム	64 Gd ガドリニウム	65 Tb テルビウム	66 Dy ジスプロシウム	67 Ho ホルミウム	68 Er エルビウム	69 Tm ツリウム	70 Yb イッテルビウム	71 Lu ルテチウム
90 Th トリウム	91 Pa プロトアクチニウム	92 U ウラン	93 Np ネプツニウム	94 Pu プルトニウム	95 Am アメリシウム	96 Cm キュリウム	97 Bk バークリウム	98 Cf カリホルニウム	99 Es アインスタイニウム	100 Fm フェルミウム	101 Md メンデレビウム	102 No ノーベリウム	103 Lr ローレンシウム

周期表

きた遺伝子、生命のシステムを支えるタンパク質なども、この元素が骨格を作っているのだ。大地にも空気中にも海中にも、宇宙の遠い恒星にさえ、それはあまねく存在する。その元素の名は、炭素に他ならない。

王者の素顔

炭素の元素記号はC、原子番号は6番。身近なところでは鉛筆の芯の黒鉛、木炭などが炭素の塊であり、元素名もここから来ている。しかし、黒い炭の塊をいくら眺めてみても、炭素がかくも特別な地位を占める根拠は見えてこない。また炭素は、非常にたくさん存在している元素というわけではない。地球の地表及び海洋——要は我々の目に入る範囲の世界——の元素分布を調べると、炭素は重量比でわずか〇・〇八パーセントを占めるに過ぎない。この割合は、チタンやマンガンといったあまりなじみのない元素さえ下回っている。

だが、元素と元素は互いに結びつき、化合物というものを作る。結びつく元素の種類、つながり方によって、恐ろしいまでに多彩な化合物が生まれ、それぞれに異なる性質を持つ。紙ならばセルロース、食肉ならばアクチンとミオシン、衣服ならばナイロンやポリエステルといったように、身の回りの品は子細に見ていけば、全てこの「化合物」の集まりに他ならない。

実は炭素が本領を発揮するのは、この「化合物を作る」段階だ。今までに天然から発見された、あるいは化学者たちが人工的に作り出した化合物は七千万以上にも及ぶが、これのうち炭素を含むものはそのほぼ八割を占める。炭素は、百以上もある他の元素が束になっても全く歯が立たないほどの、豊穣な化合物世界を創り出しているのだ。

地上を埋め尽くす生命は、この豊かな化合物群に立脚している。先ほど述べた通り、地表における炭素の存在比は、わずか〇・〇八パーセントに過ぎない。一方、人体を構成する元素のうち一八パーセントは炭素であり、水分を除いた体重の半分は炭素が占めるということになる。もちろん人間に限らず、細菌から恐竜に至るまで、全ての生物の基礎を成すのは炭素に他ならない。生命は、自然界に存在するわずかな炭素をかき集めることで、ようやく成立しているといえる。

遥かに豊富に存在する、酸素やケイ素やアルミニウムを素材として使えるなら、生命もこうした余分な苦労はしなくて済んだだろう。しかし残念ながら、これらの元素にはどう逆立ちしても炭素の代わりは務まらない。

　では、炭素はなぜかくも特別な地位を占めているのだろうか？　炭素は周期表の二段目の一角にちょこんと載っているだけで、他の元素と異なる点は一見何もないかに見える。

　実は、この平凡さこそが炭素の王者たるゆえんだ。炭素はプラスにもマイナスにも偏らない、不偏不党の存在であり、これが決定的に重要なのだ。

　例えば周期表で炭素の隣にある窒素原子は、炭素に比べて電子を一つ余計に持っており、マイナス側に偏っている。このため窒素同士で結合すると互いにはじき合う力が働き、不安定になってしまう。炭素の左側にある元素も同じで、プラス側に偏っているがゆえに、互いに反発し合う。しかし中性である炭素は、互いに反発することがない。窒素は数個つながるのが限度だが、炭素は何百万個つながろうと互いにはじき合うことはない。このため長く連結し、安定かつ多様な化合物を作り出すことができるのだ。

　また炭素は、最も小さな部類の元素だ。しかしこのために、炭素は短く緊密な結合を作ることができる。四本の結合の腕をフルに使い、単結合・二重結合・三重結合などと呼ばれる、多彩な連結方法を採ることもできる。炭素は小さく平凡であるからこそ、元素の絶対王者の地位に就くことを得たのだ。

多様なる世界

生命体が創り出す、木材や皮膚や絹糸などの物質は、一般に有機化合物と呼ばれる。「有機」とは、「生命力が生み出した」という意味合いだ。かつて、生命の作り出す化合物は、岩石や金属など（無機化合物）とは全く異なり、フラスコの中で人工的に作り出すことは不可能と考えられていた。しかし実際には有機化合物も化学的に合成できることが判明し、この区別は破られている。

現在では、「有機化合物」という言葉は、炭素を基本とした化合物という意味合いで用いられている。生命が生み出す化合物の多くは、炭素を基本としているためだ。このこと一つとっても、炭素という元素の特別性が見て取れる。

では、有機化合物と無機化合物との差は、一体何だろうか？　一見して気づくのは、前者は柔らかくしなやかであり、後者は硬く変形しにくいことだろう。この差は、分子構造の違いに由来する。

金属や岩石を原子レベルで見てみると、まるで城の石垣のように、原子がどこまでも同じ構造で積み重なっている。こうした同じパターンの繰り返しを、科学者は「結晶」と呼んでいる（つまり反復練習の積み重ねで得られた成果を「努力の結晶」などと形容するのは、なかなか当を得た表現だ）。結晶内では隙間なくびっちりと満たされているために原子は身じろぎもできず、このために全体として結晶は硬く変形しにくい物質になる。

炭素も、ごくまれにこのような硬い結晶を作ることがある。純粋な炭素が、丈夫な結合で密に詰まった構造を作るわけだから、極めて硬い物質になり、光を屈折させて美しく光り輝く。いうまでもなく、これがダイヤモンドだ。

しかし多くの炭素化合物は、これら結晶性の物質とは似ても似つかない性質――柔らかさ、しなやかさ、あるいは流動性など――を持つ。これは、水素という相棒のおかげだ。水素は、炭素同士がどこまでもつながってしまわないよう、炭素の骨格を包み込むように結合する。このため、多くの炭素化合物は巨大な塊ではなく、一定の大きさの「分子」として存在する。分子の大きさは、原子数個から数十万個まで多種多様だ。これらは独立した粒子となり、それぞれが自由に動き回り、自在に変形できる。これが、有機化合物の柔らかさ、しなやかさの原因だ。こうした性質は、生命の本質にも直結している。

原子と原子のつながり方によって、分子の性質は多彩に変化する。例えば、天然ガスの主成分であるメタン、ガソリンの成分であるヘキサン、ニンジンの色素カロテン、プラスチックの一種ポリエチレンは、それぞれ全く異なる性質を持つが、いずれも炭素と水素から成っており、原子数とつながり方だけが異なっている。炭素が丈夫な骨組みを作り、水素が間仕切りを提供することで、有機化合物には驚くほど豊かな可能性が生まれたのだ。

周期表を埋める元素の中からどの二種を選んできても、作れる化合物はせいぜい数種類だ。例えば窒素（N）と酸素（O）の化合物は、N_2O、NO、NO_2など五〜六種類が知られている

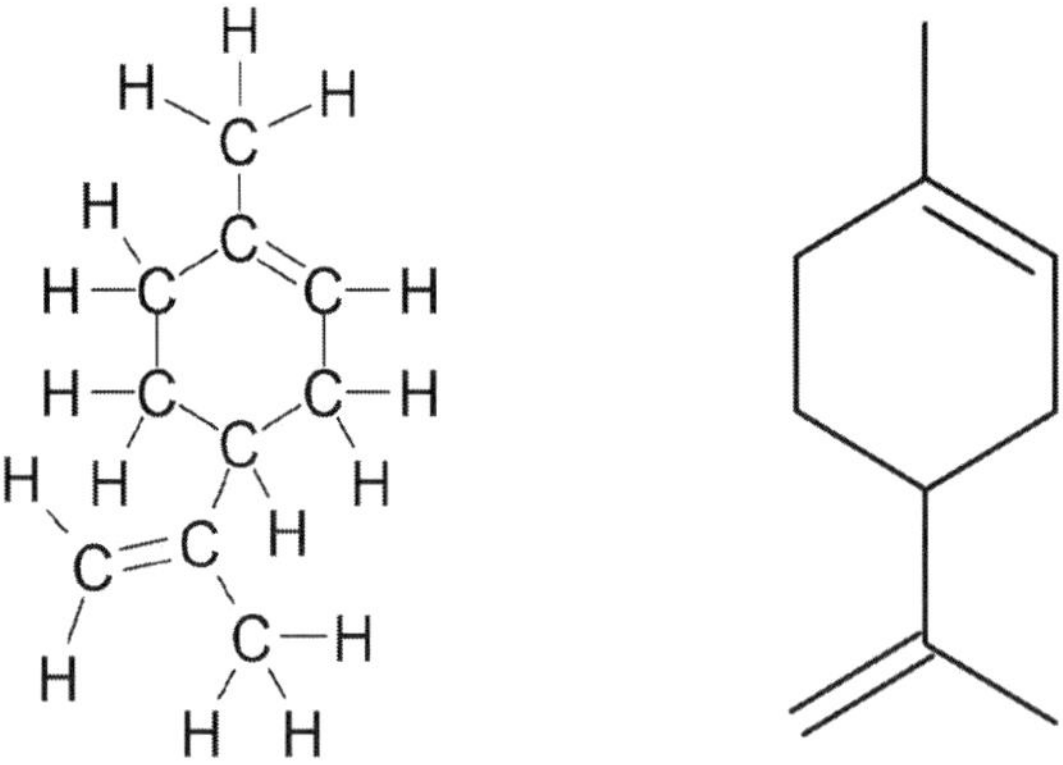

炭素化合物の一例、柑橘類の香り成分リモネンの構造。炭素骨格を取り囲むように水素が結合しているのがわかる。C、H を全部表記すると煩雑になるため、通常は右図のように水素を省略し、炭素骨格を線だけで表示する。

に過ぎない。しかし、炭素と水素だけは知られているだけで数百万、可能性としては実質無限の化合物を創り出すことができる。

暮らしの中の炭素

先ほど述べた通り、地球表面における炭素の存在比は〇・〇八パーセントに過ぎない。しかし、とうていそうは思われないほどに、我々の暮らしは炭素化合物で囲まれている。目に入る品のうち、炭素を含まないのは金属、ガラス、石などくらいで、その他の素材や食料の多くは炭素化合物だ。生命は数少ない炭素をかき集めて成り立っていると書いたが、文明社会もまた炭素を抜きにしては全く考えられない。

　木材など植物の体を構成しているのは、セルロースという化合物だ。後述するデンプンと同じく、ブドウ糖の分子が長く連結したものだが、その性質は驚くほどに異なる。長く文明を支えてきた素材である紙、衣服として身にまとう麻や綿などは、ほぼ純粋なセルロースといっていい。野菜などの食物繊維もセルロースだから、我々は衣食住全てにわたって、この素材に頼って生きていることになる。

人工の炭素化合物としては、プラスチックやゴムなどが代表選手だろう。一口にプラスチックといっても構造は千差万別で、ポリエチレンは単純な炭化水素の鎖が長くつながったもの、ポリプロピレンはそこから一つおきに炭素の枝が伸びた構造だ。こうした巨大分子は、少しの構造の差によって、驚くほど性質が変化する。衝撃や熱に強いもの、透明で軽いもの、着色しやすいものなどが開発され、それぞれの用途で活躍している。

ゴムは、炭素の鎖に規則正しく二重結合が含まれており、このために分子全体がコイル状に巻いた形をとる。ゴムを引っ張ると切れずに長く伸びるのは、まさにバネのように炭素の鎖が伸びるためだ。このように、分子そのものは目に見えないほど小さくとも、その構造は我々の目に見える性質として反映され、デザイン次第で様々な性能を引き出すことができる。

医薬品は、そうした分子デザインの究極というべきものだ。医薬の多くは、病気の原因となるタンパク質に結合し、その働きを調整することで薬効を現す。体内に何万も存在するタンパク質から、特定のものだけを見分けて強く結合すること、胃酸や消化酵素、肝臓の代謝酵素といった人体の防衛機構の網を突破できることなどなど、医薬が満たさなければならない要件は多岐にわたる。薬の分子を構成するわずか数十の原子には、これだけの情報と機能が詰め込まれているのだ。

炭素化合物と歴史

人類の歴史が、これら炭素化合物に大きく動かされてきたのは、当然のことといえよう。近年の戦争が石油の奪い合いで起きているのは、その端的な例といえる。新たな価値ある炭素化合物――新素材、医薬、兵器等々――が開発されるたび、人々の意識も経済の流れも大きく変化してきた。この世界の歴史は、炭素化合物の壮大な離合集散の繰り返しであるといえる。

人類誕生以来約二百万年のほとんどは狩猟生活の時代であり、その間人々の暮らしに大きな変化はなかった。しかし一万年ほど前に農耕が開始されたことによって文明が発生し、歴史はここに動き出した。そしてその流れはこの数百年のうちに急速に加速し、我々の住む地球は信じがたいほどの速度で変貌を遂げている。これは、人類がいろいろな形で炭素化合物を生産する技術を身につけてきたことが、大いに寄与している。

また、天然から得られた化合物の構造を人工的に変換する技術も、長足の進歩を遂げた。これによって、元の化合物の性質は大きくも、細かくも調整できる。たとえば、砂糖の構造を一部変換することによって、ノンカロリーの甘味料にすることができる。また、砂糖を酢酸と化合させれば苦い味に、硫酸と化合させれば胃粘膜を守る医薬に、硝酸と化合させれば爆薬にもなりうる。天然物を改変し、その性質を学ぶことで我々は、病を癒す化合物、鉄より強靱な繊維、色とりどりに輝く化合物など、あらゆる物質を創り出してきた。

歴史を動かしたモルヒネ

化合物利用の歴史の例として、モルヒネのケースをみてみよう。麻薬としてあまりに有名だが、一方で鎮痛剤としても極めて強力であり、今もって医療の現場には欠かせない物質だ。ケシの未熟な果実に傷をつけて得られる乳液に、鎮痛・催眠などの効果があることが発見されたのは、おそらく五千年以上も前のことだった。この乳液を干し固めたものが、アヘンに他ならない。

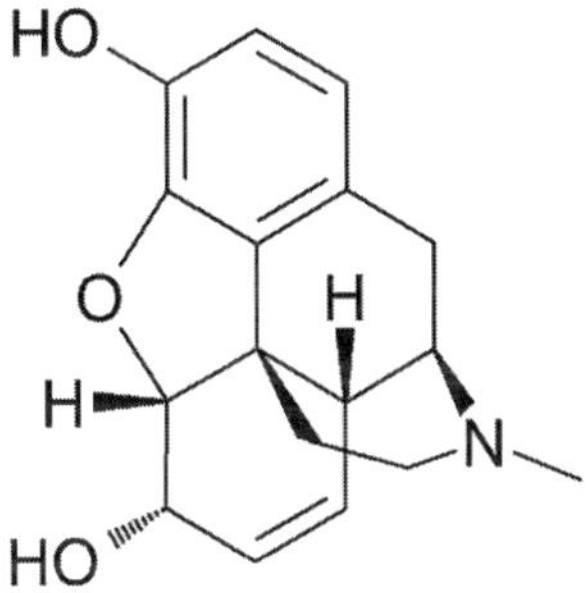

モルヒネ

ただしアヘンは服用すると多幸感をもたらし、切れると禁断症状に苦しむ。人を虜にし、肉体と精神を蝕むこの作用は、古来多くの人を苦しめてきた。あまりに強力な作用を持つこの化合物は、医薬として、また麻薬として人々に求められ、世界に着々と地歩を拡大してゆく。一六世紀にはインドから東南アジア各地で巨大なケシ畑が展開されていたし、日本でも江戸時代には津軽藩の秘薬「一粒金丹」などとして広く用いられていた。

一八〇三年、ドイツに住む二〇歳の薬剤師フリードリッヒ・ゼルチュルナーが行なった実験は、科学史に永遠に残ることになるだろう。彼は、人々を惑わすアヘンの謎を解くべく、その有効成分の単離を試みたのだ。細かくすりつぶしたアヘンを酸で抽出し、アンモニアでアルカリ性に戻すと、固体が沈殿してくる。さらにこれをアルコールから再結晶することで精製し、純粋な結晶を得た。彼はギリシア神話の眠りの神モルフェウスからとり、この成分を「モルヒネ」と名づける。これは植物から薬効成分を純粋に分離した、最初期の例に当たる。病を治し、人体を変える力は、神秘的な生命エネルギーなどではなく、単なる物質に宿っていることを示した点で、まさに歴史的な発見であった。

モルヒネが純粋に得られたことで、有効成分を正確に計量して投与することが可能となり、医薬としての使い勝手が大幅に上がった。これは「目分量」「さじ加減」ではない、データに基づいた医学への道を切り開いたといえる。

こうして、物質が純粋に得られたことで、化学的にその構造を変換して望みの性質を引き出すトライアルも可能となった。一八七四年には、モルヒネにアセチル基と呼ばれる原子団を付与し、体内への吸収性を高めることに成功した。こうして生まれた化合物は、一八九六年にドイツのバイエル社から鎮咳薬《ちんがいやく》として発売される。

しかしこれは、思いもかけないパンドラの箱を開けてしまうことだった。この化合物を内服ではなく静脈注射すると、途方もない多幸感が得られることがわかったのだ。そして薬が切れた後には、地獄の禁断症状がやってくる。この薬こそ、ヘロインに他ならない。この強烈な麻薬は、厳しい規制にもかかわらず現在も闇で合成されて流通し、各国で社会問題を引き起こしている。化学の産み落とした鬼子の一つだ。

　これだけ人間の精神に深く食い込むモルヒネであればこそ、歴史の中に残した爪痕も極めて深く大きいものだった。一八四〇年に勃発した、アヘン戦争はその最たるものといえよう。一九世紀に起こった紅茶のブームにより、原産地である清への外貨流出に悩んだイギリス政府は、代わりにアヘンを栽培し、清へ売り込むことを考えた。イギリスによるアヘンの生産は見事にシステマティックで、品質管理の徹底、生産効率の向上に加え、清という「市場」の要請に合わせて新たな吸引方法まで考案している。そして生産したアヘンは清のみに売り込み、本国での流通は厳しく規制した。ビジネスとして政治として、そのやり口は悪魔的なまでに見事なものであった。

　この仕掛けは図に当たり、清は政府高官から庶民に至るまでアヘンに蝕まれてゆく。ついにたまりかねた清政府はアヘンの輸入を禁止するが、イギリスはこれに怒り、アヘン戦争が勃発する。近代化に立ち後れた清はひとたまりも

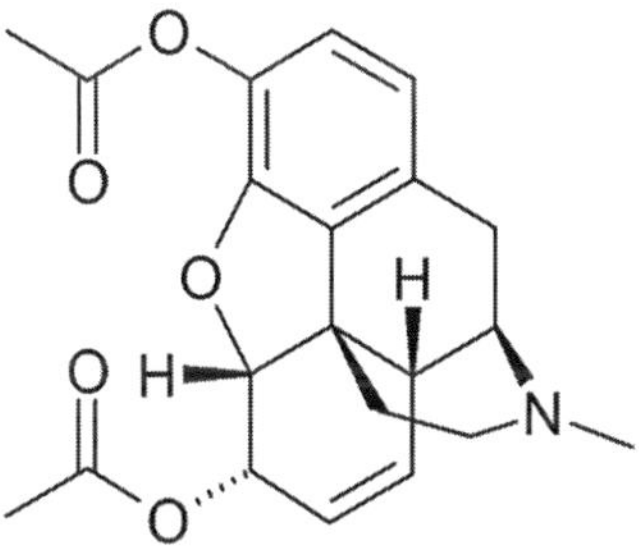

ヘロイン

なく敗れ、二〇〇年続いてきた帝国の屋台骨は大いに揺らぐこととなった。

この戦争は西洋列強の東洋進出を加速させることとなり、幕末期にさしかかった日本にも大きな影響を与えている。南京条約によってイギリスの租借地となった香港が中国に返還されたのは一九九七年だから、アヘン戦争は現代の我々にも直接に強い影響を与えているといえる。

もし、ケシという植物がモルヒネを作らなかったら、あるいはモルヒネの構造が原子一つ分違っていただけでも、こうしたアジア史の流れはずいぶんと違ったものになっていただろう。無論これは、モルヒネに限った話ではない。砂糖、カフェイン、ニコチンなど、多くの炭素化合物でいえることだ。

化合物利用の歴史

本書では、いくつかの炭素化合物をピックアップし、それを人間がどう利用してきたか、また炭素化合物が人間社会をどう動かしてきたかを記していきたい。いわば、炭素というミクロの視点から見つめた世界史だ。

炭素化合物といってもその性質や機能は千差万別であり、その利用のされ方は様々だ。しかし大まかにいって、次のような段階を経て発展してきたといえる。

（1）自然界に存在する有用化合物を発見し、採取する

（2）農耕・発酵などの手段で、有用化合物を人為的に生産する
（3）有用化合物を純粋に取り出す
（4）有用化合物を化学的に改変・量産する

そして現在はこれに加え、
（5）天然から得られる有用化合物に倣い、これを超える性質を持った化合物を設計・生産する

という段階に入っている。先ほどのモルヒネの例でいえば、その化学構造を一部人工的に変換することにより、問題となる依存性を切り離し、鎮痛作用のみを残した化合物が作られつつあることが、その例に挙げられよう。化合物を自在に取り出し、構造を変換し、性質を調べる「化学」という学問が発展したことで、化合物利用のステージは飛躍的に向上した。

化合物の歴史への関わり方にもいろいろある。まず、人間の命そのものを支えた物質群を、第Ⅰ部で取り上げた。カロリーを提供し、味覚を豊かにし、食品の安全性を確保することで、人類が厳しい自然環境を生き延びることを可能にした物質群だ。ここでは、デンプン、砂糖、各種香辛料、グルタミン酸を代表として選択した。

またある種の化合物は、人を興奮させ、感動させることで、素晴らしい文化の構築を支えてきた。第Ⅱ部では、こうした形で歴史に関与した物質群を取り上げた。カフェイン、尿酸、ニ

コチン、エタノールという、生体に関わりが深く、影響が大きいと思われる四物質をセレクトした。

人が生き、心が動いただけでは、歴史の歯車は回らない。第Ⅲ部では、社会を動かす原動力となった、エネルギーを生む化合物を取り上げる。爆薬として知られるニトロ化合物、またそれに縁の深いアンモニア、そして現代最大のエネルギー源となっている石油を、この章の主役として選択した。この中で唯一アンモニアだけは炭素を含んでいない無機化合物だが、生体内で炭素と結びついて重要な働きをするため、ここに取り上げた。

炭素化合物と人類の付き合いは今後も続き、さらに拡大してゆくだろう。今まで無機化合物で実現されていたことが、次々に炭素材料に取って代わられる動きが起きており、その傾向は今後も続く。「二一世紀は炭素の世紀」といわれるゆえんだ。

しかし、何度も述べる通り、炭素は地球上にわずかしかない資源だ。その争奪戦は、すでに始まっている。炭素をいかに確保し、どう有効活用するか。その手段を手に入れることなくして、我々人類は二二世紀の夜明けを見ることはないであろう。いかなる道がありうるか、読者諸氏と共に探ってゆくことが本書の最終的な目的だ。

コラム：脇役たち

水素という相棒がいたために、炭素化合物の世界は遥かに豊かになったと書いた。これに加え、酸素や窒素という脇役もいる。これらは、いわば化合物に「個性」を与える。炭素と水素は多数の化合物——炭化水素——を作り出すが、これらはどれも基本的に油のような性質になる。しかし、化合物に酸素や窒素が入ると、分子内に電荷の偏りが生じ、これが多様な性質を引き出す。例えばアミノ酸や糖など酸素や窒素を多く含む化合物は、水になじみやすい。これは、水の惑星である地球において非常に重要な性質だ。

また、酸素－炭素、窒素－炭素の結合は、炭素同士の結合ほど丈夫ではなく、くっついたり離れたりが起きやすい。逆に言えばこれらは、他の分子と結合したり分離したりするための、適切な反応性を有機化合物に与えている。

生命は、化合物が作り替えられ、入れ替わる過程を繰り返す複雑なシステムだ。炭素と水素だけでは反応性に乏しく、こうしたアクティブな化合物世界は生まれない。酸素と窒素が加わることで、有機化合物の世界はダイナミズムを得て、生き生きと動き出すのだ。

生体にとって重要な物質であるタンパク質は、アミノ酸という単位が炭素－窒素結合を通じて長くつながったものだ。同様に砂糖やデンプンなどは、糖が炭素－酸素結合を介して連結している。炭素－炭素結合を基本として丈夫なパーツが作られ、これが柔軟な炭素－窒素、炭素－酸素結合でつながることで、組み替えや再構築が自在にできるシステムができあがっているわけだ。それぞれの結合の特徴をうまく活かし、柔軟な仕組みが出来上がっていることに、改めて感嘆せざるを得ない。

人体を構成する元素を調べてみると、ほぼ99％が炭素・水素・酸素・窒素の4元素で占められている。他の元素も時に重要な役割を果たすが、量からいえばまずスパイス程度だ。炭素というスーパースターと、3名の名脇役が揃っていたからこそ、生命という最大の奇跡は、この惑星に出現することを得たのだ。

第Ⅰ部　人類の生命を支えた物質たち

第1章　文明社会を作った物質――デンプン

「人類」を創った物質

炭素化合物と歴史のかかわり合いを記してゆく本書で、真っ先に取り上げるべきはこのデンプンだろう。生命に最も縁の深い物質であり、この物質があったからこそ文明が生まれ、歴史が動き始めたといってよい。

いうまでもなくデンプンは、穀類、芋類の主要栄養成分だ。現在我々は、米・麦・トウモロコシの三大作物から、総カロリーの約半分を得ている。食肉となる牛や豚の飼料にも穀物は欠かせないから、我々が体を動かすエネルギーは、元をたどれば大半がデンプンから来ているといっていい。

デンプンは、ブドウ糖（グルコース）の分子が長くつながり、らせん状になったものだ。グルコースの分子は、炭素と酸素から成る六角形に、水酸基（OH）がいくつか結合した構造を

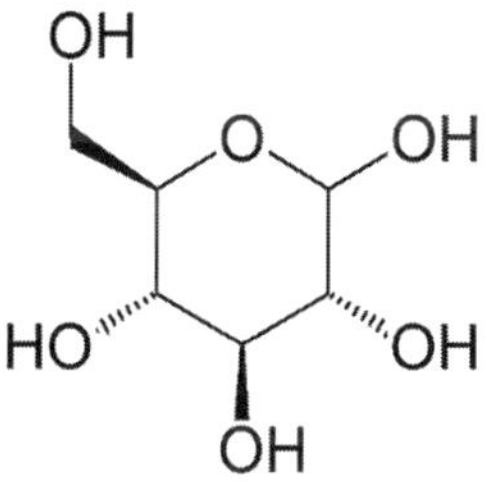

ブドウ糖（グルコース）

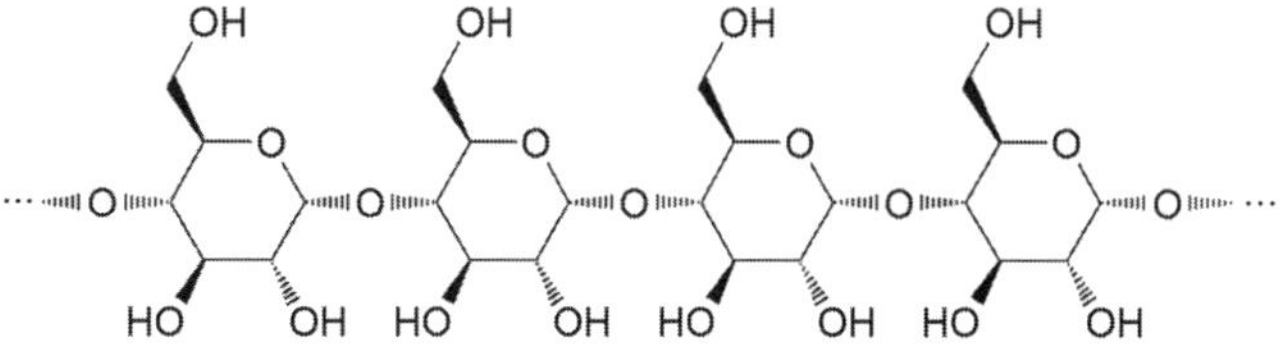

デンプン分子。長くグルコース分子がつながり、全体としてらせん状になる。

している。これは、生命のエネルギー源として最適の構造といえる。我々の体を動かすのは、炭素化合物が燃えて二酸化炭素と水に変化する際の化学エネルギーだ。グルコースは、カロリーこそ脂肪ほどではないものの、持っている多数の水酸基が手がかりとなり、反応を起こしやすい。このため、必要となった時にすぐ使える、優れたエネルギー源となる。

しかし、グルコースの持つ水酸基は水分子となじみがよいため、水に溶けて流れてしまいやすい。エネルギー源として燃やすにはよくても、貯蔵にはあまり向いていないのだ。そこで植物は、グルコースをたくさんつないで、束にして保存するという手段を編み出した。これがデンプンの正体だ。植物は光合成でデンプンを作り出し、翌年芽を出す時に備えてこれを種や球根などに貯蔵する。このデンプンを、動物がちゃっかりといただいてエネルギー源にしているわけだ。

人類も、おそらく誕生当初から穀物を口にし、命をつないできた。ハーバード大の研究チームによれば、一九〇万年前に生きていたホモ・エレクトゥスが、初めて火を使った加熱調理を行なったと見られる。デンプンは、水を加えて加熱することにより、グルコースの間に水分子が入り込んで膨張する（糊化）。炊いた米、ふかした芋はこの状態だ。こうなると、デンプンの鎖がゆるんでいるので消化分解を受けやすくなる。吸収が良くなるので摂取カロリーも増え、食事に要する時間が大幅に短縮された。

これと同じ時期、人類の脳の容積は急拡大している。火を使った調理によって十分な炭水化物を摂れるようになったことで、脳の発達が促されたと見られている。その代わり、人類は糊化していないデンプンを消化する能力を失ってしまった。多くのサルはドングリなどを生のまま食べて消化するが、人間だと腹をこわしてしまう。人間は体内で行うべき消化の機能を、火に「外部委託」してしまうことで、カロリーと時間、そして高い知能を手に入れたと見ることもできよう。デンプンの加熱調理を覚えたことは、人類にとって非常に大きなターニングポイントだった。

農耕開始の謎

次の大きなステップは、人工的なデンプンの生産、すなわち農耕の開始であった。しかし実のところ、農耕の始まりは謎に包まれている。人類は、数百万年もの間狩猟採集生活を送っていたにもかかわらず、約一万年前のほぼ同じ時期に、世界の各地で申し合わせたように農耕を開始するのだ。

もうひとつ不思議なのは、これによって人類の生活が改善されたわけではない点だ。狩猟生活を営んでいたころの人類は、男性の平均身長が一七八センチほどあったとされるが、農耕開始後には一六〇センチそこそこに落ち込んでいる。虫歯や感染症のリスクが高まったためなのか、三五・四歳であった男性の平均寿命は三三・一歳へ、女性では三〇・〇歳から二九・二歳へと縮んでしまった。

また狩猟時代には、一日に三時間も働けば必要な食料が確保できていたが、農耕開始後の労働時間はこれより長くなっている（現代の我々はこれがさらに八時間、十時間と延びているわけだから、文明とは一体何なのかと思いたくなる）。こうした事情を見る限り、農耕の開始は豊かな食料を得るための画期的な新技術などではなく、何らかの事情に迫られてやむなく選んだ道と見る方が自然だろう。

その事情とは何だったのか？　現在有力なのは、約一万三千年前に起きた、気温の急激な低下が原因という説だ。この寒冷期は千数百年間続き、多くの動物を絶滅に追い込んだとみられる。当時すでに人類は、狩猟生活で暮らしてゆける人口の限界に近づいていた。そこにやってきた寒冷化により、一気に食料を失ったのだろう。困窮の中で、誰かが植物の種を蒔いて栽培することを思いつき、これが広がっていったと見られる。農耕の開始は、エデンの園から追放された人類が、やむにやまれず選んだ苦肉の策だったのかもしれない。

社会の誕生

しかし人類は、狩猟から農耕へ、肉から穀物へという大きな変化にも対応してゆく。そしてこの新たな食生活は、人類の社会に大きな変化をもたらした。

まず、それまで獲物を求めて野山を駆け回っていた人類が、一ヶ所に固まって定住するようになった。水を引いたり、作物を貯えたりするために、役割分担をして組織だって動く必要が出てきた。

また、狩ってきた動物の肉とは異なり、穀類は計画的に生産でき、長期間の保存に耐える。これにより十分な食物が生産できるようになり、人口の急増をもたらした。また、余剰食料の蓄積が生じたことで、初めて「富」という概念が生じた。また食物を管理し、公平に分配する役回りや、これを奪いに来る者から守る役目の者も出てきたことだろう。富を潤沢に持つ者が他の者を従属させ、階級が成立した。水源の確保を巡って近隣集落と争いが起き、強い者が弱い者を切り従えた。こうして政治が生まれ、軍隊が生まれ、人間社会が成立した。腐敗や変質を受けにくいというデンプンの性質が、そのブースターになったといえる。

デンプン確保のため、初期には様々な作物が試されたが、やがて米・麦・トウモロコシを初めとした数種に落ち着いて行く。これらの作物の持つ遺伝子が、変異を起こしやすかったことが大きな原因と考えられている。より大きな実をたくさんつけるもの、条件の悪い場所でも育つものなどが選び抜かれ、品種改良が進められていった。

こうして寒冷期を耐え抜いた人類は、やがてナイルや黄河など大河のほとりで四大文明の花を咲かせる。ここに、人類の歴史の幕が上がったのだ。

気候変動と歴史

歴史の本を眺めていると、不思議になることがある。史上には多くの暗君や暴君が登場するが、必ずしも彼らの時代で国が傾き、滅んでいるわけではない。ローマ帝国は、暴君といわれたカリグラやネロの後に、五賢帝による全盛期を迎えている。逆に、フランス革命に散ったルイ一六世などは、人民を愛した仁慈に厚い君主であり、凡庸かもしれないが暗君ではないというのが近年の評価だ。三国志の時代には英雄豪傑が数多登場しているが、安定的な長期政権はなかなか出現しなかった。リーダーの器というものはもちろん重要ではあるが、歴史を動かすファクターは決してそれだけではなさそうだと思える。

歴史に重大な影響を及ぼしていながら、今まで軽視されていた要素が、近年の学問の進展によって徐々に明らかになりつつある。それは気候だ。数千年の間に、地球の気候は予想以上にダイナミックに変動している。天候不順などで十分な収穫が得られなければ、いかに秀でた君主でも反乱は起きる。要は、人民が腹一杯飯を食えれば政治が多少おかしくとも世は平和であり、食えなければ世は乱れるのだ。

特に中国では、その傾向が強く現れている。冷涼多雨の年には穀類が不作となり、食えなくなった人々は流民となってよその村を襲う。襲撃を受けた村民は別の村を襲い、ということが繰り返されて、流民の数は膨れ上がっていく。その中で数千、数万の民を食わせることに成功したものが英雄となり、最終的に全ての民に食を与えた者が覇者となる。

典型的だったのは、始皇帝死後に起きた漢と楚の抗争だろう。長雨による不作で民が疲弊していたところに、陳勝《ちんしょう》と呉広《ごこう》が反乱に立つと、連鎖的にあちこちで反乱が勃発した。立ち上がった兵士たちは離合集散を繰り返しつつ、漢の劉邦、楚の項羽という二人の英雄のもとに集約された。

武門の名門に生まれた項羽に比べ、庶民出身の劉邦は戦に慣れておらず、何度も敗走を重ねた。追い詰められた劉邦は、奇策に打って出る。秦の官営穀倉であった広武山を要塞化し、そこに立てこもったのだ。項羽も隣の山に陣取るが、こちらは食料がない。腹が減っては戦ができぬという言葉通り、いくら戦闘が強くとも飯が食えない楚軍は次第に窮してゆく。項羽は結局和睦を結んで引き上げようとするが、劉邦はこれを背後から急襲し、大逆転の天下取りを成し遂げたのだ。戦の強弱よりも、とにかく飯にしがみつくことを優先した劉邦が勝利を収めたのは、なかなか象徴的といえる。

人口増加と、戦乱による急減という過程は、歴代の王朝交代のたびに繰り返されてきた。たとえば、前漢末のころの戸籍には約六千万人が登録されているが、戦乱の後に後漢が成立した時には、戸籍登録者はわずか二千万に落ち込んでいた。この数字は、二〇〇年をかけて元の六千万へと回復する。

しかし二世紀後半には気候が寒冷化して不作が続き、北方民族の略奪がこれに追い討ちをかけた。やがて、信徒に五斗の米を寄進させ、流民に食料を提供する「五斗米道」という宗教が発生し、これが三国時代の幕開けへとつながってゆく。せっかく回復した人口は、戦乱によってまた一千万程度にまで激減している。

当時の農業技術では、六千万人という数字はこの大陸で養える限界であったらしい。人口の上限は生産可能なデンプンの量で決まっており、これを超えたところに冷害や蝗害《こうがい》などの天変地異が起きると、それが引き金となって戦乱と人口崩壊が発生するのが、ひとつのパターンのようだ。

二世紀半ばごろは、世界的に洪水や干魃が多く、不作が続いた時代であった。こうした傾向は、長期的な戦乱を呼び起こす。中国においては長く統一国家の現れない三国時代（二二〇～二八〇年）であったし、ローマ帝国でも軍人皇帝が乱立した「危機の三世紀」（二三五～二八四年）であった。日本でもこの時期は、卑弥呼女王の後継の座を巡って長期の内戦が起きたことが記録されている。農耕による人口の増大は、こうした巨大な戦乱の種をまくことでもあったのだ。

気候変動と古代の終焉

四世紀後半から六世紀にかけては、ヨーロッパにおける民族大移動の時代に当たる。アジア系のフン族の西進に押し出される形で、ゲルマン諸族がローマ領内に侵入し、これが西ローマ帝国の崩壊につながってゆく。

そして中国でもこの時期は、異民族の侵入によって小国が乱立した「五胡十六国時代」に当たっている。歴史上まれにしか見られない民族移動という現象が、東西でほぼ同時に起きたことは、恐らく偶然ではないだろう。一説には、中央アジアの乾燥化が進行したため、各部族が食を求めて東西へ攻め込んだ結果ともいわれる。

そして五三五年から翌年にかけて、地球規模の異変が起こる。この年、太陽が薄く翳って寒い日が続き、深刻な食料不足に陥ったことが、世界中の文献に残されているのだ。日本書紀にも、宣化天皇が飢饉に備えて食料を集めるよう詔を出したという記録がある。

この急激な寒冷化は、各地の樹木の年輪などの記録にも裏付けられている。巨大な噴火により、巻き上げられた火山灰が太陽光を遮って起きた現象と見られ、インドネシアのクラカタウ島火山がその容疑者として挙げられている。

この大規模な寒冷化は十数年続き、歴史にも大きな爪痕を残した。東ローマ皇帝ユスティニアヌスは、地中海帝国の復活を目指して征服事業に励んでいたが、頻発する飢饉とペストの流行によって、これを断念せざるを得なかった。かつて世界の中心であったイタリアは荒廃し、東ローマ帝国も衰退の一途をたどることとなる。大帝と呼ばれたユスティニアヌスも、気候変動と飢饉には抗するべくもなかったのだ。この寒冷化は歴史の大きな変わり目となり、ここに古代という時代が終焉したといえる。

なお、日本への仏教伝来（五三八年）は、この寒冷化と同じ時期に当たる。太陽が薄れ、食料不足で多くの人命が失われたことが、新たな宗教を受け入れる素地になったという見方もなされる。これに限らず、偉大な思想や宗教は、寒冷化の時期に発生していることが多い。食を失い、死と向き合うことが、人を深い思索へと向かわせるのだろうか。こうした大規模で急激な気候の変化は、今後いつでも起こりうることでもある。

日本と米

「イネ」の語源は「命の根」であるという説がある。どんなに時代が変わろうと、日本人は決して米食から離れようとせず、食料自給率が四割を切っている中、米だけは一〇〇パーセントの自給を保ち続けている。「鉄は国家なり」というビスマルクの言葉に倣えば、さしずめ日本の場合は「米は国家なり」というところだろうか。

言ってしまえば、米は究極の作物だ。デンプンはもちろん、良質なタンパク質やミネラルをバランスよく含み、ビタミン類も摂取できる。ビタミンB_1は、米ぬかから発見されたため、米の学名からとってオリザニンと命名されたほどだ。春に一粒のイネの種を蒔けば、秋には二千〜三千粒もの収穫が得られるほど多産だし、栽培可能な地域も広い。条件さえよければ、数年程度の保存も可能だ。そして何より、米は美味い。日本人が米に執着するのも、まず当然と思える。

稲作が日本で大規模に行われるようになったのは、縄文晩期から弥生時代初期といわれるから、少なくとも二千数百年の歴史を持っていることになる。多量の水と温暖な気候を要するイネの栽培は、日本の風土に適していた。

畑と異なり、田は土地を水平に均して水を張り、周りを囲って水が漏れないようにしなければならない。また、大量の水を必要とするから、川の水を引くなど大規模な工事が必要となる。利根川など大河の流路さえも、必要とあれば大胆に付け替えた。我々が「豊かな自然」と感じる田園の光景は、こうして極めて人工的に作り出されたものだ。日本列島は、デンプン生産のために改造された島だといっても、決して過言ではない。

またこうした工事は一人でできるものではなく、統制のとれた集団でなければ成し得ない。サボったり、手を抜いたりする者があれば、全てが水の泡になることすらありうる。団体で規律正しい行動を取るが、個人の抜け駆けや目立ち過ぎを嫌う日本人の国民性は、こうしたところで培われてきたのだろう。

もともと熱帯の原産であるイネを寒冷地で育てるため、品種の改良も進められた。青森県の砂沢遺跡は二三〇〇年前のものと見られているから、高度な稲作技術が驚くべき速度で本州の端まで広がったことがわかる。

品種改良は、味にも及んだ。デンプンは、ブドウ糖分子が長くらせん状につながったアミロースと、途中で枝分かれを持つアミロペクチンがある。後者が多いと、デンプンの鎖同士が絡まり合い、粘りが増して、これが米の味に重要な影響をもたらす。アミロペクチン一〇〇パーセントであると非常に弾力性が強くなり、これがいわゆるもち米だ。コシヒカリなどはアミロースを一六パーセントほど含んでおり、このあたりが美味い米の黄金比率であるらしい。

この素晴らしい主食のおかげで、日本の人口は大いに増加した。縄文時代が終わる頃、日本の人口は十六万人程度であったと見られるが、三世紀に入る頃には二百五十万、九世紀初頭には六百万〜七百万を数えていた。当時すでに日本は、ヨーロッパ諸国を上回る世界有数の大国であったのだ。この意味でも、日本はまさに「米が作った国」といえる。現在でも、東アジアや東南アジアの人口密度が高いのは、米という優れた作物に支えられてのことだ。

このようなわけで、日本の政治は「米を管理する」というところから始まったといっていい。日本史の授業で習った言葉を思い返していただければ、「租庸調」「口分田」「班田収授の法」「墾田永年私財法」「荘園」などなど、米や田に関するものばかりであったことに気づかれるだろう。

当初は豪族たちの所有物であった田は、大化の改新によって天皇のものとなり、やがて荘園制によって貴族の手に落ちる。その管理を請け負っていた守護や地頭が実力で田を乗っ取り、やがて戦国大名たちが台頭してこれを奪う。日本においては、田を押さえるということが、すなわち力を握ることだったのだ。

戦国期においては、いかに大量の米を確保するかが勝敗を分けた。「石」という単位は、大人が一年間に食べる米の量であり、「一万石の大名」とはすなわち一万人を雇用できる勢力を意味した。江戸期には、大名の軍役から農民の年貢に至るまでが、石高を元に定められるようになる。このように、穀物をベースとした経済システムを構築した国は、世界に類例を見ない。

もちろん、こうした「民族の魂」ともいうべき食品を持つのは、日本だけではない。寒冷で乾燥したヨーロッパでは、小麦が主食の座を占めた。キリスト教ではパンがイエスの肉になぞらえられたし、イタリアでは各都市にそれぞれのパスタが存在し、多彩な食文化を形成している。デンプンは単に命をつなぐための物質を超えて、各民族のアイデンティティ、心のよりどころにもなっているのだ。

世界を救った作物

一四世紀半ばから一九世紀半ばの五〇〇年間は、小氷期と呼ばれる寒い時代であった。これは江戸時代の数度の飢饉、西欧における数々の戦争や、フランス革命の遠因ともなっている。この厳しい時期を支えた作物が、ジャガイモであった。もとはアンデスの山間、チチカカ湖付近に育つ植物であったのを、スペイン人がヨーロッパに持ち帰ったものだ。四〇〇〇メートル近い高地の原産だけあって、ジャガイモは寒冷な気候でもよく育つし、栽培面積あたりのカロリーは、小麦の四倍にも達する。ビタミンを豊富に含み、各種栄養価も高い。夏のない時代をしのぐため、ジャガイモはまさにうってつけといえる作物であった。

とはいえ、新大陸から来た未知の食べ物が、最初から抵抗なく受け入れられたわけではない。富国強兵策を採るプロイセンの大王フリードリヒ2世は、国力向上のために最適な作物としてこれを推奨し、自ら毎日これを食べるなどキャンペーンに努める。しかし庶民の間では「ジャガイモを食べると病気になる」といった迷信も根強く、なかなか普及しなかった。一七五六年、フリードリヒはついに業を煮やし、「ジャガイモ令」を発令する。空いた土地があればとにかくジャガイモを植えさせ、収穫までを見張り番にチェックさせた。植えたイモを掘り起こして捨てようとする農民があれば、兵士がやってきて強制的に植え直させられたというから、そのやり方は徹底していた。

大王の苦心は無駄ではなく、その四十六年間の治世で領土を倍近くにし、二二四万であった人口を五四三万に増やした。現在では「ジャガイモはドイツの精神」とされ、ナイフで切って食べることはマナー違反とされるようにさえなっている。世界屈指の大国ドイツの形成に、ジャガイモは大きな貢献をしたのだ。

長く続いた寒冷期をジャガイモに救われたのは、ドイツだけではない。このアンデスからやって来た不格好な作物がなければ、ヨーロッパ諸国は崩壊を迎えていたかもしれない。これが決して大げさでないと思えるのは、アイルランドの悲劇という実例があるからだ。

ジャガイモ飢饉

アイルランドの歴史は、苦渋の歴史に他ならない。岩だらけの地形と寒冷な気候のため、小麦などの栽培がうまくいかなかったところに、隣国イギリスの苛烈な圧政が加わっていたためだ。しかし一六世紀の末にジャガイモが入ってくると、この栽培には成功し、人口を大いに増やす。一七六〇年に百五十万でしかなかった人口は、一八四一年には八百万にまで増加している。

しかし一八四五年、この島を大きな悲劇が襲う。頼みの綱のジャガイモに、疫病が発生したのだ。病の拡大は急速で、見る間にジャガイモ畑は腐り果てていった。そこに小氷期最後の大寒波が重なり、数年にわたる大飢饉となった。この「ヨーロッパでは一三四八年のペスト流行以来」と言われる惨事により、アイルランドでは二百万人以上が死亡し、百万人以上が海外へ脱出したといわれる（数値には諸説あり）。

アメリカのアイルランド系移民の多くは、この時に脱出した者たちだ。移民たちは逆境の中で徐々に勢力を築き、最近ではケネディ、レーガン、クリントンら大統領を輩出するまでになった。現在のオバマ大統領、バイデン副大統領もアイリッシュ系の血を引いていることを思えば、大飢饉が歴史へもたらした影響の大きさがわかる。

アイルランドでは他の作物が育たなかったという事情があるとはいえ、モノカルチャー（単一栽培）が失敗すると、結果はあまりに悲惨だ。食料にせよエネルギーにせよ、生存に不可欠なものについては、二重三重の手当を施しておかねばならない——実に当たり前のことだが、これがきちんと行われているか、周りを見渡すとなかなか心許ないようだ。

デンプンの未来

アイルランド飢饉が終わった一八五〇年以降、地球は温暖化傾向が続き、極端な不作が発生することは少なくなっている。大気中の二酸化炭素濃度と、世界の平均気温の上昇が大きな問題になっているが、これらは植物の成長には基本的にプラスに働く。

では今後、食料不足は起こりにくくなるのだろうか？　残念ながら、見通しはあまり明るくない。急激な世界人口の増大、発展途上国の生活レベル向上に加え、今後は水不足が食料生産の足を引っ張ると見られる。日本は水だけはふんだんにある国だから、この点に実感が湧かないが、事態は相当に深刻だ。

何の作物を栽培するにせよ、水は大量に必要になる。茶碗一杯分の米を作るためには、三〇〇〜四〇〇〇キログラムの水が必要になるといわれる。一〇〇グラムのビーフステーキを作るためには、二・五キログラムの穀物と、二トンの水を消費することになる。肉食というのは、水資源の観点から見れば、恐ろしく贅沢な行為なのだ。

地球は「水の惑星」といわれる。しかしその九七パーセントは海水であり、二パーセント以上は南極やグリーンランドの氷河に存在する。耕作に利用可能な淡水は、わずか〇・七パーセント以下に過ぎない。

中国では工業化の進展により、川の大規模取水が進んで、耕作が不可能な地域が出てきている。文明発生以来、一大穀倉地帯として大陸の食を支えてきた黄河は、一九七〇年代以来たびたび「断流」が起きるようになった。あの大河が、下流まで水が流れてゆかず途切れてしまうというのだから、事態は信じがたいレベルで悪化しているといえる。

海水の淡水化プラントも動いてはいるが、今のところ世界で一日六七億トンの淡水を生むに過ぎない（国際脱塩協会、二〇一一年）。全世界で一日に使用される淡水の量が三兆トンであることを思えば、まだまだ焼け石に水だ。とはいえ淡水化技術は、今後人類存続のためのキーテクノロジーになっていくことは間違いない。

もちろん、問題は水不足だけではない。各種の肥料調達、気候の変動、バイオ燃料の生産拡大など、食料生産を圧迫する要因は枚挙に暇がない。そしてこうした問題は、その重大さの割に、経済や医療に比べて人々の関心を惹きにくい。十年後の飢餓より、明日の千円に目が行ってしまうのが、人間というものの性質であるようだ。

食料確保のため、打開策はあるのだろうか？　遺伝子組み換え技術は、重要な選択肢となるだろう。病虫害や寒冷な気候に強い作物、たくさんの収穫をもたらす植物が「設計」できる可能性があり、すでに除草剤耐性を持つトウモロコシなどが登場している。

とはいえ、遺伝子組み換え技術には反対論が極めて根強い。これは単に感情的な反論というだけではない。たとえば、因果関係は判然としないものの、インゲンマメの遺伝子をひとつエンドウマメに移したところ、予想もしなかったアレルギーを引き起こすようになった例がある。収穫量を上げるような遺伝子改変を行う場合には、いくつもの遺伝子を入れ替える必要が出てくるため、その影響は完全には読み切れない。

だが現在の農業システムで、膨れ上がる人類の食をまかないきれなくなる日は、残念ながらそう遠くはなさそうだ。寒冷期に遭ってやむなく農耕を開始した一万年前のように、リスクがどうこうと言っていられなくなる可能性は高い。もちろん、遺伝子組み換え食品を受け入れれば万事解決ということもありえない。食料確保はあらゆる要因に左右される、終わりのない闘いなのだ。

誕生以来、人類はデンプンに頼り、その生産を拡大してきた。作り出されるデンプンは人類を養い、人口を決める主要因となってきた。デンプンが確保できなくなれば、外国へ逃げるか、他の作物を栽培するか、戦争や飢饉で人口を減らすかの選択肢しかない。しかし現在、地球には耕作に適した大規模な未開拓地は残されておらず、逃げ出すべき外界も、もはや存在しない。中国やアイルランドで起きた人口崩壊を、今度は地球規模で繰り返すことになるのか。今こそ歴史を見つめ直し、学び直す価値は、十分にありそうだ。

第2章　人類が落ちた「甘い罠」——砂糖

抗いがたい誘惑

「甘い生活」「甘い罠」などなど、「甘い」という言葉にはどこか後ろ暗い快楽のイメージが伴う。「痩せたい」と口癖のように言いながら菓子店に行列を作る女性たちの姿を見るまでもなく、甘味こそは最も抗いがたい誘惑の味だ。

甘味が好まれる理由は、生命のシステムそのものに求められる。砂糖に代表される糖類は、動物が生命を維持するための最重要物質だ。病気などで食事が摂れない時に行う点滴は、最も基本的な糖であるブドウ糖が主成分となっている。ここにアミノ酸と少量のビタミンを加えたものだけで、人間は何日でも命を保つことができる。

経験した方ならご存知の通り、ブドウ糖点滴を行なっていると、何も食べずとも全く腹が減らない。血中のブドウ糖濃度、すなわち血糖値が下がると、脳は生命の維持に危険が迫ってい

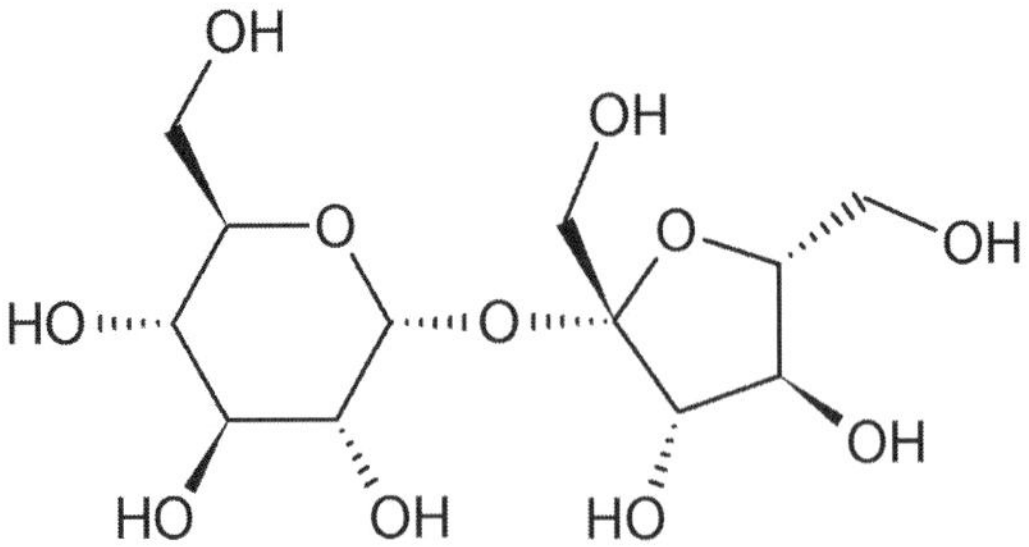

砂糖（スクロース）

ると判断し、食事を摂れというシグナルを送る。つまり空腹感というのは、血中ブドウ糖濃度が低いこととイコールだ。糖類こそ生命維持の基本物質であることが、このことでも知れる。

味覚は、塩分やタンパク質など生きていくために必要な物質を取り入れるためのセンサーだ。最重要物質である糖類を口に入れた時、強い快感が得られるように進化したのは当然のことだろう。人類が強く求める宿命にあった砂糖は、それゆえに歴史の中でも重要な役割を演じてきている。

砂糖が嫌いだ、という人はまずいない。小さな赤ん坊から老人まで、砂糖の甘味は絶対的に好まれ、世界のどこに持っていっても必ず売れる。このように、あらゆる文化や嗜好の壁を越えて、誰もが求める商品は大変に稀だ。

この優れた甘味物質を効率的に生産する植物は、ほんの数種に限られる。最も有力なのがサトウキビで、砂糖の含有量は茎の重量の二割近くに達する。一九世紀に品種改良によって砂糖大根（ビート）が登場してくるまで、サトウキビは他を圧して重要な砂糖生産作物であり続けた。

サトウキビは熱帯原産であり、現代に至るまで寒冷地での栽培は成功していない。さらに、栽培する土地をすぐ痩せさせてしまうため、次々と新しい土地へ移動して行かねばならない。また、サトウキビの栽培及び砂糖の製造は、多くの人手を必要とする重労働であった。このことが、歴史の中で多くの悲劇を生むことになる。現在の世界が抱えている多くの問題に、砂糖は深く関わっているのだ。

サトウキビ、西へ

物質の面から世界史を見ると、まずアジアの豊かな物産がイスラム圏で広がり、それをヨーロッパが十字軍によって知り、交易で少しずつ取り入れてゆくというパターンが多い。砂糖もまたこの道筋をたどった。サトウキビの原産地ははっきりしていないが、紀元前二〇〇〇年ごろにはインドで砂糖が生産されていたと見られる。砂糖を初めて目にしたヨーロッパ人は、アレクサンドロス大王の東征部隊であった。長い遠征で疲労の極に達していた兵士たちに、砂糖の甘味は強烈な印象を残したことだろう。

しかしこの時代には、砂糖は西欧に普及していない。ローマ人が甘味として用いていたのは、主に蜂蜜であった。アピキウスは、一億セステルティウスという莫大な財産を美食に費やした稀代の食い道楽だが、彼の著したレシピ集の三分の一は蜂蜜を使った料理で占められている。

古くなったワインを鍋で煮詰めて作る、「サパ」という甘味料も当時流行した。しかしサパの主成分は鍋の鉛が溶け出してできた酢酸鉛で、かなり毒性が高い物質であった。ローマ人の平均寿命は二〇歳代前半に過ぎず、上流階級には不妊が多かったが、これはサパなど鉛の毒性が影響しているともいわれる。甘味を求めるのも、命がけであったわけだ。

ローマ帝国崩壊後に、急速に勢力圏を拡大したのはイスラム教徒たちだった。マホメッドが布教を開始したのは六一三年頃のことだが、見る間にアラビア半島、パレスチナ、メソポタミア、エジプト、そして北アフリカ全域を制する。一世紀を経た七一一年にはついにイベリア半島に侵入、フランク王国やビザンティン帝国をも脅かすに至る。この目を見張るような進撃の間に、彼らはサトウキビ栽培をも拡大していった。この過程で、砂糖の精製法も伝播してゆく。砂糖は、イスラム教と共に西へと広がっていったのだ。

砂糖の製法は次のようであった。収穫したサトウキビを細片に刻み、石臼で圧搾する。絞り出された液汁を集めて煮詰め、木灰を加えて中和し、不純物を沈殿させて除く。得られた液を冷やすと、粗糖が得られる。

普通の物質では、これを純化するのは一苦労だ。幸いにして砂糖はしっかりした分子構造であり、互いに引きつけ合う力が強いので、純粋な塊である結晶になりやすい。粗糖に水を加え、加熱して溶かした後で冷やし、結晶を成長させると白砂糖が得られてくる。これは化学実験でいう、「再結晶」という精製操作そのものであり、炭素化合物を純粋に取り出して用いた最も初期の例といえる。人類の化合物利用という面から見ても、白砂糖の製造は画期的なできごとだったのだ。

砂糖は万能薬

実はこの時代、砂糖は医薬としての用途が主だった。医学の最高権威であった一一世紀アラブの大学者イブン・スィーナーは、「砂糖菓子こそ万能薬である」と断言している。当時の医学書には、砂糖の効能が部位別に事細かに記されており、これは長く西欧でも信じられていた。このため、当時の医師はペストから生理不順に至るまで、あらゆる患者に砂糖を処方した。

栄養状態の悪かったこの時代にあっては、カロリーの高い砂糖を与えるだけで病人が元気を回復したケースも多かっただろう。何より、純粋な砂糖の白く美しい輝き、そして魅惑的な甘い味わいはいかにも神秘的であり、プラセボ（偽薬）効果を引き出すのにこれ以上のものはなかったに違いない。

もうひとつ、砂糖の重要な用途は装飾品であった。白く輝き、美味で高価な砂糖は、権力者の力を示すアイテムとして大きな効果があった。一一世紀エジプトのスルタンは、七万キログラムもの砂糖から作った実物大の樹木を、祭壇に飾っていたという報告がある。また西洋でも、貴族のパーティーに城や馬を模した、手の込んだ砂糖菓子が出されていた。砂糖はいわゆる飴細工のように繊細な加工もできるし、結晶として大きく自由に成形することもできるため、装飾材料として最適だったのだ。現代でも、映画で俳優がガラスに突っ込むシーンには、一枚板に固めた砂糖が用いられている。

二つの契機

一一世紀に入ると十字軍運動が起こり、これによって物資の東西交流が盛んになる。しかし彼らがもたらした新しい品々とキリスト教の出会いは、当然軋轢をも生んだ。そして本格的なヨーロッパ上陸を果たした砂糖もまた、この例外ではなかった。

問題の焦点は、キリスト教における断食の日に、砂糖を食べることは許されるのかという点に絞られた。問題に断を下すべき人物は、中世最大の神学者トマス・アクィナスの他なかった。固唾を呑んで聞き入る人々に対して彼の与えた回答は、「砂糖は消化を助ける薬であり、これを口にしても断食を破ったことにはならない」というものだった。

大学者アクィナスのお墨付きを得たおかげで、人々は断食の日にも安心して砂糖を口にできることになった。食品に非ずという判定が、食品としての普及に決定的な役割を果たしたというのはちょっとした皮肉で、中世という時代背景を象徴するエピソードともいえよう。

こうして砂糖の需要は高まっていったが、前述のようにサトウキビは寒冷地では育たず、かつ土地をすぐ痩せさせてしまう。そこにもたらされたのが、コロンブスによるアメリカ大陸発見という大ニュースであった。新大陸は、幸か不幸かサトウキビの栽培に至適の環境を備えていた。アメリカ大陸発見から十五年後には、早くも本格的なサトウキビ・プランテーションが稼働し始めた。

「バタフライ効果」という言葉がある。北京での蝶の羽ばたきが巡り巡って、やがてニューヨークに嵐を引き起こすように、ほんの小さな変化が予測しがたいほどの巨大な影響をもたらすというたとえだ。

砂糖の歴史でも、まさにこれが起きた。少々ドラマティックに言うなら、ある召使いが、主人のティーカップに初めて一匙《ひとさじ》の砂糖を落とした瞬間、世界の歴史は大きく変わったのだ。世界に定着し、我々がごく当たり前の習慣と思っているものほど、当初登場したときのインパクトは強烈なものだ。東洋からやってきた珍奇な飲料である紅茶と、新大陸から運ばれてきた砂糖の組み合わせは、たちまちのうちに人気を博した。両者はいずれも富裕層のステイタスシンボルであり、甘い茶を客に差し出すことは、主人の財力とセンスを誇示することだった。砂糖とカフェイン、当時手に入った二大快楽物質の取り合わせは、まさに味覚の革命であったのだ。やがて紅茶やコーヒーに砂糖を入れる習慣は中流階級にも広がり、需要が爆発する。

一六世紀半ばにもなると、アメリカ大陸には三万人以上が働く製糖所が四十ヶ所も完成し、ヨーロッパに砂糖を送り出していた。ここで必要となった膨大な労働力は、アフリカから連行された黒人奴隷によってまかなわれた。その数は、トータルで一千万とも二千万ともいわれる。

不衛生な狭い船倉に押し込められ、航海中に病気などで亡くなる者は二〇パーセントにも達した。また到着後も、不慣れな気候と疫病、そして過重労働のために多くが命を落としている。フランスの作家サン＝ピエールが『フランス島への旅』で書いた通り、「朝食のテーブルに供される砂糖とコーヒーは、黒人の涙に濡れそぼち、赤い血に染まって」いたのだ。

ヨーロッパからは武器や繊維製品がアフリカに送られ、その武器で集められた奴隷がアメリカ大陸に送られ、生産された砂糖がヨーロッパに輸出される――悪名高い三角貿易が、ここに成立した。良くも悪くも、人、モノ、カネがグローバルに移動するシステムが、史上初めて出現したのだ。

カリブの島々や南米大陸の海岸地域は、サトウキビ畑一色に染め上げられていった。焼畑による開拓、砂糖精製のための燃料確保は、未開の森林を荒らすことにもつながった。またサトウキビの単一栽培が長く続いた結果、これらの地に新たな産業が興ることもなく、発展が阻害されてきた一因ともなっている。現代にまで続く人種差別、環境破壊、南北問題などは、砂糖に対する欲望に端を発するといっていい。

一方で、英国では砂糖商人たちが莫大な富を築き上げていた。英国人の砂糖好きは有名で、今でも彼らはカロリーの二割近くを砂糖から摂るという調査もある。英国王ジョージ三世は、自分の馬車よりも砂糖商人の馬車の方が遥かに豪勢であったことに驚き、居合わせたピット首相に「砂糖の関税はどうなっているのだ！」と詰問したというエピソードが残っている。こうして得られた富の蓄積が、産業革命の原資となり、英国が世界を制する原動力ともなっていった。

世界有数の美術館であるロンドンのテート・ギャラリーは、一九世紀に角砂糖の販売で財を成した、ヘンリー・テートのコレクションを基礎としている。その圧倒的な収蔵作品の量は、砂糖が生む富の凄まじさを今に伝えている。

糖尿病の時代

砂糖の甘い罠は、黒人奴隷たちを苦しめただけではない。それを飽食した者にも、脅威は及んだ。糖分の摂りすぎによって起こる病気、糖尿病に他ならない。砂糖の普及以前から糖尿病は存在し、すでに紀元前一五〇〇年ごろのエジプトにも、それらしき記録が見られる。

この病気にかかったと思われる歴史上の人物としては、「安史の乱」の首謀者・安禄山がいる。空前の隆盛を誇った唐帝国に反旗を翻した一代の梟雄《きょうゆう》は、体重二〇〇キロ、垂れ下がった腹が地面まで届くほどの巨体であったと伝えられる。いったんは唐を覆滅《ふくめつ》寸前にまで追い込んだ安禄山は、しかし健康に大きな不安を抱えていた。やがて彼は視力を失って腫れものを患い、その影響からか行動に粗暴さが目立つようになっていった。最後は息子の廃嫡を図ったものの、逆に討ち取られて五五年の波乱の生涯を閉じる。あるいは彼の血管に流れていた数グラムの糖が、崩壊寸前であった唐王朝の命運を救ったのかもしれない。

日本初の糖尿病患者といわれるのは、平安期に摂関政治の全盛を築いた藤原道長だ。彼が「この世をば 我が世とぞ思ふ」という有名な歌を詠んだのは五一歳の時だが、この時すでに道長は糖尿病を発病していたと見られる。肥満体であった道長は急速に痩せてやたらに水を飲むようになり、体力と視力の急速な衰えに悩まされる。最後は背中のできものが致命傷となり、死の恐怖に激しく苛まれながら世を去った。安禄山と道長、二人の症状はかなりの部分で一致する。過食と肥満、権力闘争からくるストレスなど、二人が糖尿病を発する条件は揃っていたといえよう。

糖尿病の恐ろしさは、その引き起こす数々の合併症にある。血中で過剰になった糖は、体内の各種タンパク質に結びつき、その機能を破壊してゆく。安禄山と道長が視力を失ったのは、網膜が冒されて起こる糖尿病性網膜症と見られる。できものは、免疫機能の低下による感染症、精神的に不安定になったのは、末梢神経異常などから来る不安発作と推定される。

ヨーロッパでも、砂糖ブームの訪れにより糖尿病患者が増え始める。バッハ、セルバンテス、プッチーニ、セザンヌ、エジソンなど、錚々たる面々がこの病気に苦しんでいる。そして現在、かつて最高権力者がかかる贅沢病であった糖尿病は、誰もがかかりうる疾患となった。日本国内の糖尿病患者は予備軍まで含めれば二千三百万人ともいわれ、五〇年前の四〇倍近くにも増加している。現代の食生活が、ある意味で極めて異様なものになっている証ともいえよう。

糖尿病を防ぐには糖分を控えることが第一だが、甘味の強烈な誘惑を断ち切るのがいかに難しいかは言うまでもない。人類は、その歴史を通じてずっと軽い飢餓状態に置かれてきた。このため、カロリーを取り入れろという「アクセル」は進化したが、食べ過ぎを防ぐ「ブレーキ」はついに発達しなかったのだ。

もちろん、糖分の引き起こす弊害はこれだけではない。カロリーの過剰摂取は肥満を呼び、心疾患・脳血管疾患を初めとする各種生活習慣病の引き金となる。アメリカ心臓協会が最近発表したところによれば、砂糖入り缶飲料の飲み過ぎにより、世界で年間七万人以上が亡くなっているという(幸い、日本は砂糖消費量が少なく、死亡リスクもずっと小さい)。皮肉なことに、先進国での最大の健康リスクは肥満であり、途上国のそれは栄養失調であるというのが現状だ。

近年では、砂糖はニコチンなどと同じ中毒性の物質と考えるべきであり、過剰摂取を抑えるために砂糖に重税をかけるべきとする学者さえ現れた。砂糖を毒物扱いとはずいぶん無茶と思われるが、現代の生活習慣病患者の激増ぶりを見ると、この主張は全くの荒唐無稽ともいえなさそうだ。あらゆる物質は摂り過ぎれば必ず毒となり、砂糖もその例外ではない。

ならば、カロリーにならない甘味というものはないのか? 物質を自在に操り、創り出す近代化学の発展は、この身勝手な願望さえも実現させてゆく。

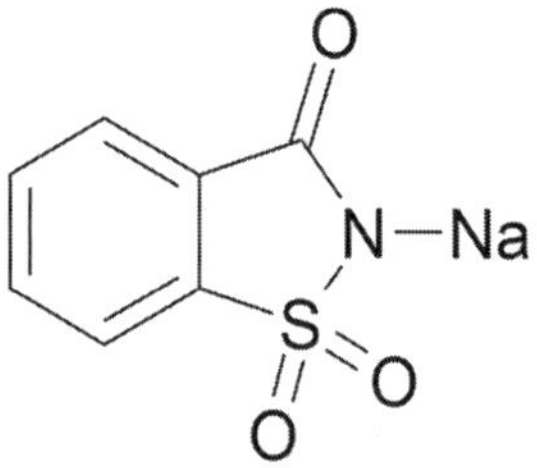

サッカリンナトリウム

進化する甘味

一八七九年、ジョンズ・ホプキンス大学でなされた偶然の発見が、甘味の歴史を変えることとなった。コールタールの研究に従事していた研究員コンスタンチン・ファールバーグが、たまたま自分の合成した物質を口に入れてしまい、これが異常に甘いことに気づいたのだ。当時は化学物質の害がよく知られておらず、合成したものを舐めることに抵抗のない時代だった。今では考えられない——といいたいところだが、その後見つかった合成甘味料の多くは、こうした偶然によって発見されている。

ファールバーグはこの化合物の特許を取得、量産方法も確立して、サッカリンの名で発売する。砂糖の三〇〇倍も甘く、体内に吸収されないのでカロリーはないという、夢のような甘味料の登場だった。彼の研究室の教授が、自分に無断で特許を取って儲けたのはけしからんと激怒したほどに、その売上は莫大であった。

サッカリンの成功を追うようにして、ズルチンやチクロなどの合成甘味料が次々と登場した。しかしズルチンは毒性が強く、日本でも何度か死亡事故が起きている。チクロもまた発がん性があるという試験結果が出て、いずれも一九六〇年代に使用が禁止された。これらは食品添加物に対する風当たりが強まる、大きな契機になった。その後、チクロについては発癌性はないとの研究結果も出ているが、その名誉は完全には回復されていない。

しかし、莫大な利益を生む甘味料の追求が止むことはなかった。代わって登場したのは、アメリカのサール社が開発したアスパルテームだ。砂糖の二〇〇倍の甘さを持ち、カロリーも極めて低い。しかしズルチンやチクロの例から、アスパルテームについても危険性を警戒する声は数多く上がり、このためアメリカ食品医薬品局（ＦＤＡ）は理不尽といえるほどの様々な試験を要求した。

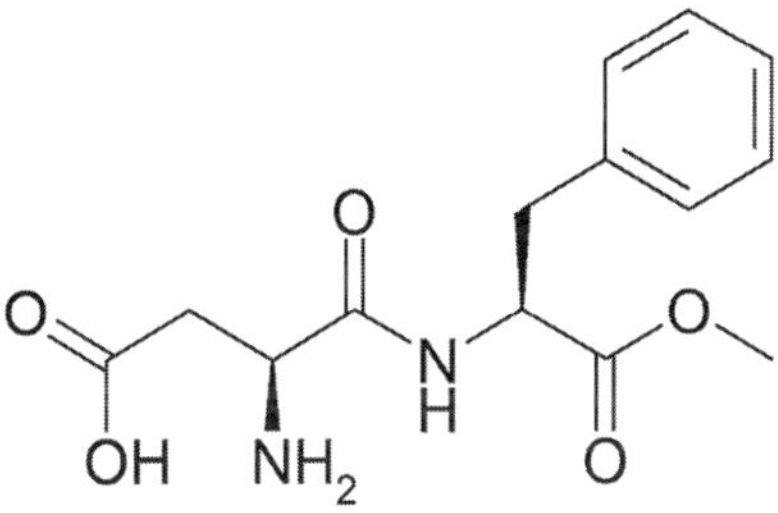

アスパルテーム

アスパルテームはアミノ酸二つが連結しただけの構造であり、ありふれたタンパク質の断片であるに過ぎない。しかしアスパルテームに反対する団体は、このアミノ酸のひとつであるフェニルアラニンを槍玉に挙げた。フェニルケトン尿症という遺伝病を持った新生児がフェニルアラニンを摂取すると、知能に障害を生ずることがあるという理由であった。

しかしフェニルケトン尿症は八万人に一人の頻度であり、生まれた時に必ず行われる試験によって容易に判定できる。またフェニルアラニンはあらゆるタンパク質に含まれるから、アスパルテームだけを規制してもほとんど意味はない。そもそも生まれたばかりの乳児が、アスパルテーム入りの菓子や飲料を口にする可能性は、実際にはほぼ考えられない。ほぼ、反対のための反対と言われても仕方がないような話であった。

結局、「フェニルアラニン含有」と表示することを義務づけるという条件つきで、アスパルテームの使用認可はようやく下ろされた。発見から一六年を経てからで、文字通りFDA史上最大の攻防戦であった。

現在、人工甘味料の王者に君臨するのは、砂糖の六〇〇倍もの甘さを誇るスクラロースだ。この化合物は、砂糖分子の水酸基（OH）の一部を塩素に変換したもので、一九七六年に初めて合成された。これを作った研究員はまだ英語に不慣れで、教授が「その化合物をテスト（test）してくれ」と指示したのを「味見（taste）」と聞き違え、舐めてみたら驚くほど甘かったという、まるで冗談のような経緯で発見された。有機塩素化合物だから、普通に考えるととても舐めてみたいような代物ではないが、幸いにしてスクラロースはほぼ無害であった。この聞き違えのおかげで、今や発売元は年間一〇〇億円を超える売上を稼いでいるから、世の中何が幸いするかわかったものではない。

これら甘味料は、舌の甘味受容体をだまして結合し、脳に甘味を感じさせる。しかし胃腸はこれを糖と認識せず、吸収されないためカロリーはない。近年人気のゼロカロリー飲料は、ほとんどがスクラロースやアスパルテーム、アセスルファムなどによるものであり、これら合成甘味料はすっかり社会に定着したといっていいだろう。

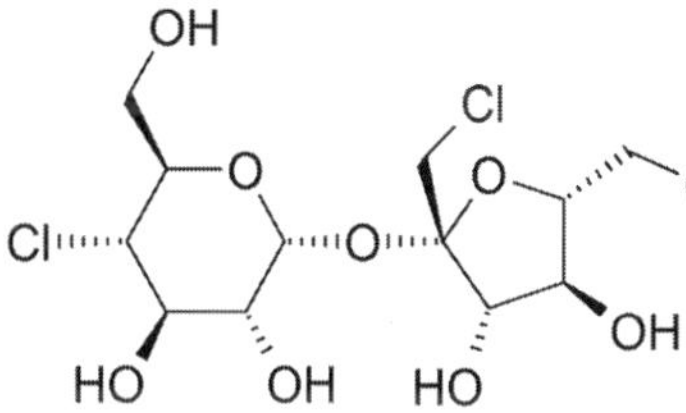

スクラロース

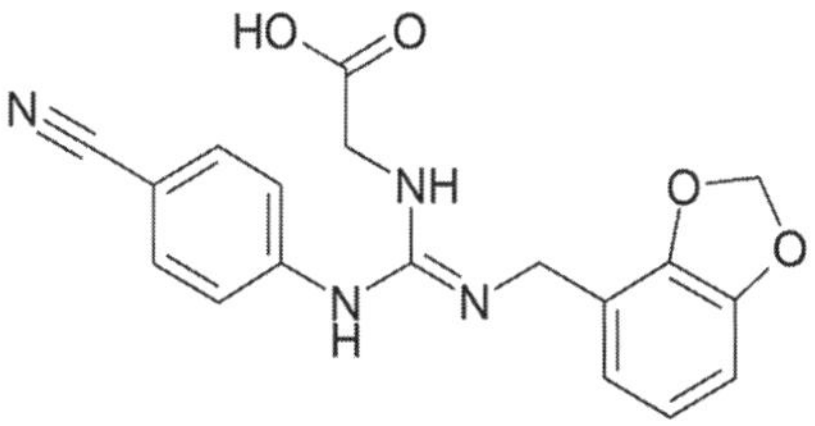

ラグドゥネーム

しかし甘味料の開発競争はまだまだ続いている。アメリカで開発され、日本でも二〇〇七年に食品添加物として認可されたばかりの新顔の甘味料ネオテームは、砂糖の約一万倍という甘さだ。フランスで開発されたラグドゥネームは、砂糖の約二十二万倍、すなわちたったの五万分の一グラムで角砂糖一つに匹敵するという途方もない甘さを示す。こうなると、コーヒーを適当な味に調整するだけでも一苦労ということになりそうだ（ただしラグドゥネームは食品用には未認可）。

深まる甘味の謎

こうした研究を見ていると、甘味に関してはずいぶん解明が進んだかと思えるが、実はそう簡単ではない。甘味を感じる仕組みそのものが、いまだ大きな謎に包まれているのだ。

今回取り上げた化合物群はどれも甘味を感じさせるが、見ていただければわかる通り、構造的には全く似ても似つかない。意外なところでは、有機溶剤のひとつクロロホルムや、爆薬ニトログリセリンなども強い甘味を持つが、構造には呆れるくらい何の共通点もない。筆者は分子構造と生理作用の関連について長く研究してきた専門家の端くれであるが、一体どういう分子が甘味を感じさせるのやら、いくら構造式を睨んでも見当すらつかない。また、糖尿病の発症メカニズム、体内で糖が果たしている役割などについても、まだまだ未解明の部分が大きい。糖は、生化学に残された重要なフロンティアなのだ。

甘味化合物研究の権威であったある有名な研究者は、その甘味料に関する論説の最後を、「甘味とはいったい、何なのだろう」という言葉で締めくくっている。ここまで書いてきた筆者も、全く同じ気持ちだ。人類をここまで振り回し、世界を攪拌してきた魔性の味覚・甘味とは、いったい何なのだろうか——。

第3章　大航海時代を生んだ香り——芳香族化合物

香辛料は財宝

将棋は、我々にとって最もなじみ深いゲームのひとつだ。日本人なら誰でも、指したことはなくとも、駒の名前と動かし方くらいは知っていることだろう。しかし将棋の駒の名称というのは、考えてみれば不思議だ。玉将・金将・銀将は、財宝の名前をあてて重要な駒であることを示していると推測がつく。しかし桂馬や香車の「桂」「香」というのは、一体何なのだろうか？

これには諸説あるが、「桂」はシナモン（肉桂）、「香」はナツメグやクローブ（丁字）などの香辛料を意味するという説が有力だ。熱帯に産する香辛料は、古代から中国及びヨーロッパに対する重要な輸出品であった。現代では想像しがたいが、香辛料は金銀と肩を並べて、財宝の一種にすら数えられる貴重品であったのだ。

特にヨーロッパ人の香辛料に対する熱意は、我々日本人の想像を遥かに超える。執着、という言葉を使いたくなるほどの彼らの強烈な嗜好は、世界の歴史を大きく変える原動力ともなってきた。

ファラオの秘密

この本でいくつか取り上げている通り、魅力的な作物の多くは南方諸国の原産だ。熱帯でしか収穫できない物産を、北方の人々が求めるところから、世界は攪拌されて歴史が動き始めたといってよい。

香辛料の起源は明らかではないが、紀元前三〇〇〇年ごろのインドですでに胡椒が用いられていたと見られる。香辛料を用いた最古の記録としては紀元前一七〇〇年ごろのメソポタミアで、粘土板に刻まれた料理のレシピが見つかっている。おそらく、歴史の始まる遥か以前から、人類は香辛料の味を楽しんでいたに違いない。

しかし香辛料文化を大きく発達させたのは、古代エジプトの人々だろう。彼らは香辛料を単に料理の味付けのみならず、衣服を染めたり、体に香りをつけたり、更に医薬としても用いていた。実際、消化促進・健胃・整腸など、薬理作用を持つ香辛料は少なくない。

エジプト人のスパイス好きは、飲料にも及んだ。ワインにはシナモンやナツメグ、ビールにはオレガノやミント、パセリで香りを添えた。化粧やパピルスの防腐、口臭防止にも各種スパイスを用いたというから、ほとんど香辛料漬けの生活であったといっていい。

神々を祀る神殿にも、香辛料は欠かせなかった。歴史家プルタルコスは、エジプトの祭壇では朝昼晩と異なる種類の香が焚かれていたと記録している。邪悪なるものと戦うため、かぐわしい香りはなくてはならないものと考えられていたのだ。

このためエジプト人は、遠くアラブやインドから香料を輸入しており、商人たちが国境を股にかけて活躍していた。生姜、シナモン、クローブ、カルダモン、胡椒など、その種類は現代の食卓に並ぶものと変わりはない。香辛料は、人類最初の国際商品であったといえる。

古代エジプトといえばピラミッドとミイラだが、ファラオの遺体の防腐処置にも香辛料は大いに力を発揮した。まず王の遺体は、心臓と腎臓のみを残して内臓を除去し、ヒマラヤ杉油・シナモン・没薬を調合したものを三〇日間塗りこむ。また鼻孔には胡椒の粒を詰めて、雑菌の侵入を防ぐことも行われた。

ここまでの手間ひまをかけて遺体を保存したのは、死者の霊魂が還ってくる際の受け皿として、なるべく完全な形で肉体を保存すべきと考えられていたためだ。実際に王たちの魂が里帰りしてきたかどうかは知るよしもないが、おかげで五〇〇〇年後の我々には貴重な学術資料と観光資源が残されたわけで、香辛料の威力は実に絶大であった。

植物の化学兵器

香辛料が防腐剤としての能力を持つのは、これらが植物の作る化学兵器であるからだ。外敵から逃げ回ることのできない植物たちは、細菌を殺し、昆虫を忌避させる成分を作り出してその身を守っている。これを人間がありがたくいただき、活用しているわけだ。

香辛料分子は空中へも漂い出し、外敵への警戒信号として働く。人類は、これらの化合物が役立つことを学び、やがてその匂いを快い香りとして受け止めるようになったのだろう。

香辛料の化学構造を見ると、ベンゼン環（いわゆる「亀の甲」）に酸素原子が結合した、「フェノール」と呼ばれるユニットを持つものが多い。これは消毒薬クレゾールなどにも含まれる部分構造であり、香辛料がある程度の殺菌力を持つのも納得が行く。

また多くの香辛料は、ベンゼン環から三炭素程度の短いしっぽが突き出た構造を持つ。これは、タンパク質の原料となるアミノ酸の一つである、フェニルアラニンが変換されて合成されているためだ。「しっぽ」が短いバニリン（バニラの香り）や、長いピペリンのような化合物もあるが、これらは後から炭素鎖が削られたり付け足されたりして合成される。自然は、豊富に存在する化合物を有効に利用し、自在にあらゆる化合物を生み出しているのだ。

また「亀の甲」を持つ化合物にはよい香りのものが多いことから、この系列の物質は「芳香族化合物」の名で呼ばれる。もっとも、現在知られる「芳香族化合物」には、とうてい芳香とは言い難い香りのものも多い。糞便臭の元となるスカトールなども、芳香族化合物の一種だ。

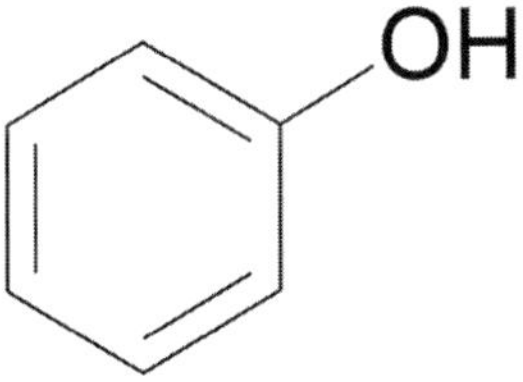

フェノール

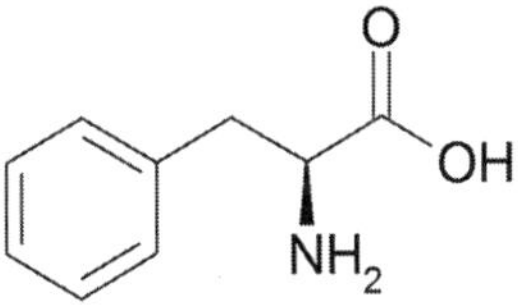

フェニルアラニン

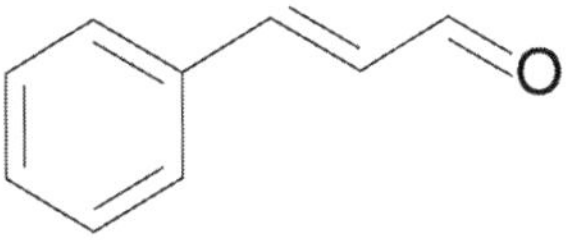

シンナムアルデヒド
(シナモンの香り成分)

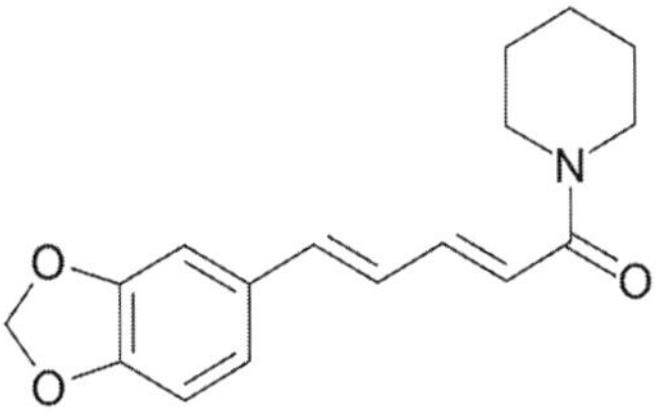

ピペリン（胡椒の辛み成分）

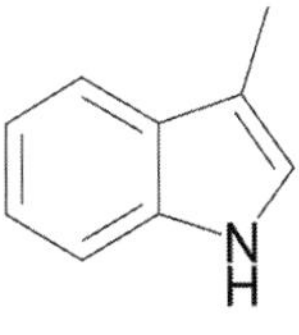

スカトール（糞便臭）

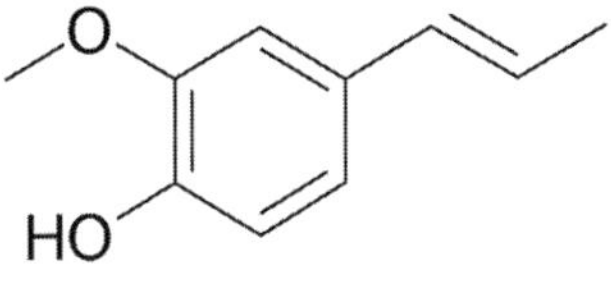

イソオイゲノール（ナツメグの虫除け成分）

肉食文化の西洋人が香辛料を強く求めたのは、これらの持つ殺菌力に大きな理由がある。何しろ穀物などと異なり、肉は長期保存が利かない。干したり塩漬けにしたりといった方法もあるが、味わいを大いに損なう。しかし香辛料は肉を美味にする上に保存性を高めるのだから、これほど有り難いものはない。多少傷んだ肉の味や臭いをごまかすためにも、スパイスの香りは有効に機能したことだろう。

東方の多彩な香辛料は、アレクサンドロス大王によって西洋に持ち込まれた。船来の胡椒などが高価だったのはもちろんであるが、地元に産する月桂樹もアポロンの霊木とされ、神聖視された。オリンピックのマラソン勝者に与えられる月桂冠は、ここに端を発する。

この香辛料文化はローマにも受け継がれ、花開いた。ローマでは胡椒がステイタスシンボルとされ、今の貨幣価値でいえば一瓶一万円ほどで取引されたものもあったという。それでいて彼らは、どうも胡椒の使い方をよくわかっていなかったようだ。彼らは加熱前から胡椒を振りかけ、せっかくの香りをとばしてしまうような調理をしていたらしい。また暴君として名高いネロは、妻ポッパエアを弔うため、ローマで使う一年分のシナモンを燃やしてみせたといわれる。あるいはこうして高価な香辛料をわざわざ浪費することが、富を誇示するためのスタイリッシュな方法と考えられていたのだろうか。

このような次第で、ローマ時代の香辛料消費は膨大なものだった。アレクサンドリアからローマへ向かう船の、積荷の四分の三が胡椒であったというから尋常ではない。四一〇年に西ゴート王アラリックがローマを攻撃した際には、囲みを解く代価の一部として、一トン近い胡椒が支払われている。貴族たちの胃袋に消えた胡椒代を、もっと早くから蛮族への備えに充てていれば、ローマ劫掠の憂き目に遭うこともなかったのではないか、と思ってしまう。

ローマ帝国の崩壊後も、香辛料文化は廃れたわけではなかった。急速に広がったイスラム帝国により、インドネシアからアフリカまでを結ぶ貿易体制が整い、香辛料の産地と消費地が結ばれた。

そのイスラム圏に攻め入った十字軍により、ヨーロッパは各種の香辛料の味を再認識する。香辛料を西洋に運び込んだのは、交易を生業としたヴェネツィア共和国の人々だ。いつの世にも商人とはたくましいものだが、中でも「ヴェニスの商人」たちは別格だ。イスラム教徒との交易をローマ教皇から禁止されれば、貿易拠点を変えて監視を逃れ、ダミーを立てて取引を進め、果ては教皇に賄賂を贈ってお目こぼしを願うなど、あらゆる手だてを駆使した。東地中海の要所を押さえて通商路を整備し、必要とあればライバルや海賊たちとの戦闘も辞さなかった。それもこれも、香辛料の生み出す莫大な利益を守らんがためであった。

この時代でも胡椒は、風で飛ばないよう窓を閉め切り、大商人たちがピンセットで一粒一粒拾い集める貴重品だった。ドイツでは、四五〇グラムほどのナツメグが、牛七頭と交換された記録さえある。肉を食べるためのスパイスが、当の肉より遥かに高価であったわけだ。

各種スパイスがこれだけの高値を呼んだのは、ひとつにはペストの流行という一大事件があったためだ。一三四七年に始まった大流行では、当時のヨーロッパ人口の三分の一が亡くなったと推測される。病原菌など知られていなかった時代のこと、感染源は死体の放つ悪臭だと思われており、となれば芳しい香りを放つ香辛料がその防護になると考えられたのだ。彼らはスパイスをアルコールで抽出したもので体を拭い、香水を振りかけたハンカチを持ち歩いた。

これは、まんざら無意味な迷信でもなかったと思われる。たとえばナツメグの成分イソオイゲノールには昆虫忌避作用があり、感染源となるノミを多少ながら追い払ってくれたはずだ。アルコールの消毒作用もあるから、当時可能であったペスト対策としては最善の部類だっただろう。中世の人々にとり、香辛料は悪魔を祓う神秘的な霊薬と映っていたに違いない。

大航海時代の足音

こうして東地中海を勢力圏下におき、香辛料貿易を独占していたヴェネツィアに、思わぬ強敵が現れる。一三世紀末に小アジアに出現し、あっという間に勢力を拡大したオスマン帝国に他ならない。ヴェネツィアが長年かけて築き上げた地中海の制海権も、この新興帝国の手に落ちてしまう。香辛料の産地である東南アジアと、一大消費地であるヨーロッパの間に立ちふさがるように登場したこの国のしたことは、当然ながら高額の関税をかけてぼろ儲けを図ることだった。

これは西洋諸国にとって、まさに死活問題だった。今でいうなら、ホルムズ海峡が封鎖されて石油輸入が途絶してしまうような感覚だろうか。必需品である香辛料の首根っこを押さえられたヨーロッパは、考えられなかったような冒険に打って出る。地中海やオスマン帝国の版図内を避け、アフリカ大陸を大きく回って直接アジアに向かう経路の開拓に乗り出したのだ。

これは、当時の造船・航海技術を考えれば、全く無謀としかいいようがない試みであった。しかしこの冒険に乗り出したポルトガルの船乗りたちは徐々に航続距離を伸ばしてゆき、一四九八年にはついにヴァスコ・ダ・ガマがアフリカ大陸南端を回ってインドに到達した。時にガマは二八歳、若者が押し開けた歴史の扉は、想像より遥かに大きく重いものだった。これをきっかけに、ヨーロッパ最西端の小国であったポルトガルは、世界を覆う巨大帝国への道を歩み始める。

やがて大西洋からインド洋には、胡椒を満載したポルトガルの船が多数行き交うようになった。長らくスパイス貿易の独占で繁栄してきたヴェネツィアの地位は落ち込み、ポルトガルの首都リスボンでは、それまでのわずか五分の一の値段で胡椒が買い求められるようになった。航海はあまりに危険であり、大きな犠牲をも伴ったが、香辛料貿易はそれに十分見合う美味しいビジネスだったのだ。

新大陸の赤い実

隣国スペインも、指をくわえてポルトガルの躍進を眺めているわけにはいかない。一四九二

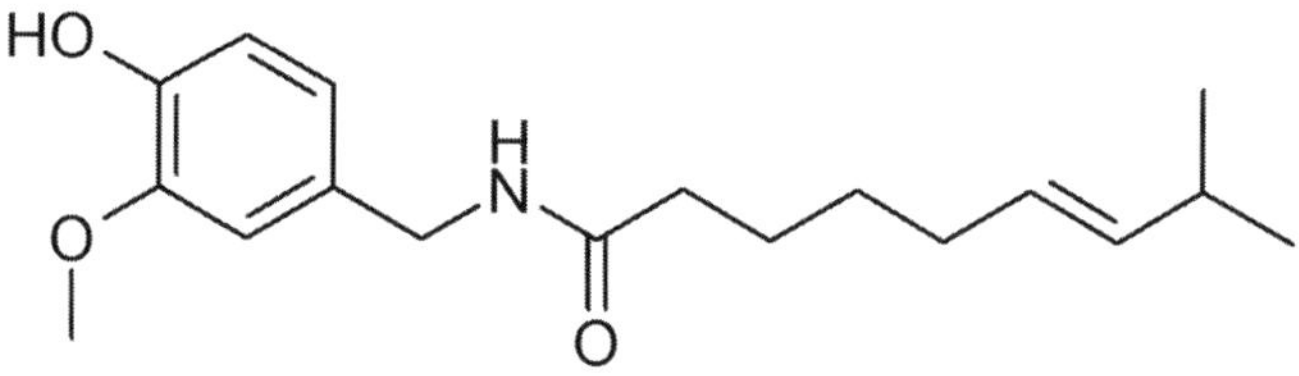

唐辛子の辛味成分・カプサイシン

年、三隻の船団がパロスを出て、ポルトガル艦隊とは逆に西を目指して出航した。二ヶ月後、船団はそれまで知られていなかった島にたどり着く。言うまでもなく、コロンブスによる新大陸発見に他ならない。彼のこの功績はもちろん歴史に特筆大書されるが、食文化の歴史からいっても極めて貴重な発見があった。彼らは西インド諸島で、それまで誰も知らなかった、真っ赤で辛い実をつける植物を見出す。それまでスパイスの女王と呼ばれていた胡椒の地位を脅かす香辛料、唐辛子の発見であった。

唐辛子は、ヨーロッパではさほど流行らなかったものの、アジア各地で熱狂的に受け入れられた。アジアの料理といえばとにかく辛いイメージがあるが、実はこれらは一六世紀以降に唐辛子が入ってきてからのものだ。インドのカレーも韓国のキムチもタイのトムヤムクンも、ポルトガル人が唐辛子をもたらすまでは、我々が知る味ではなかったのだ。

唐辛子が、これほど熱狂的に受け入れられた要因は何だったのだろうか。唐辛子の辛味は、カプサイシンという化合物による。亀の甲からしっぽが生えた構造は他の香辛料と共通だが、カプサイシンは他にはない特殊な作用を持つ。

カプサイシンは、体内でTRPV1と呼ばれる受容体タンパク質に結合して、そのスイッチを入れる。すると、我々の体は痛みを感じ、温度が上昇したわけでもないのに熱さを感じる。このために、辛い料理を食べると代謝が高まり、汗が出る。英語で「ホット」と表現される通り、唐辛子の辛さは味覚ではなく、痛覚と温覚なのだ。

カプサイシンにより痛みを感じると、脳はそれを癒すべくエンドルフィンなどの脳内麻薬を放出する。辛《から》い食品を食べるのは辛《つら》いはずなのに、食後に不思議な満足感を覚えるのはこのせいだ。長距離を走っているうちに快感を覚える、「ランナーズ・ハイ」と似た原理といえる。言ってしまえば「食べるマゾヒズム」だが、その受け入れられ方がアジアとヨーロッパでずいぶん違うのは興味深い。厳しい修行の末に菩薩の境地に至る宗教である仏教の広がった地域と、唐辛子文化が受け入れられた地域がよく重なっているのは、果たして偶然なのだろうか。

目指すはモルッカ諸島

ポルトガルの進撃は、インドで止まったわけではなかった。彼らはさらに東進し、インドネシアのモルッカ諸島を目指す。何しろこの島々は、世界で唯一ナツメグやクローブが収穫できる場所であった。ここを押さえることは、いわば油田を確保するようなもので、汲めども尽きぬ富の泉を手に入れるに等しかった。

ライバルであるスペインもこのスパイスの島を目指すが、すでにインド洋はポルトガルの勢力圏下にあった。そこで探検家マゼランは、西側からモルッカ諸島に向かうルートの開拓に打って出る。一五一九年にスペインを旅立った彼らは、途中で部下の反乱や僚船の難破といった苦難に見舞われつつ、ついに南米大陸最南端を回って太平洋に出る。食料不足と仲間割れで凄惨な航海の末にたどり着いたフィリピンでは、マゼランを含めた首脳陣が原住民との戦いで戦死、ボロボロの状態でついに目指すモルッカ諸島にたどり着いたのは、出航から二年後のことであった。しかしここで彼らは欲をかいて、長い航海で傷んだ船にクローブを積み過ぎ、一艘が浸水する事態にも見舞われている。

一五二二年、マゼラン艦隊はついにスペインに帰り着き、史上初の世界一周を果たす。しかしスペインを出た五艘のうち帰り着いたのは一艘のみ、二七〇名ほどいた船員はわずか一八名に減っていた。なぜそこまでして――とも思うが、要するに大航海時代とは、香辛料に対する渇望が冒険者達を突き動かした時代だったのだ。現在、世界に広がるスペイン語圏・ポルトガル語圏は、香辛料や金銀などの財宝獲得を目指して駆け回った、冒険者たちの爪痕に他ならない。

宝の島たるモルッカ諸島を巡る争いは、これで終わったわけではなかった。一七世紀にはイギリスもこの島を狙うが、最終的にはオランダが敵国人や原住民を殺戮してこの島の領有権を勝ち取る。本国政府に代わり、この地の軍事から植民地経営までを一手に遂行した東インド会

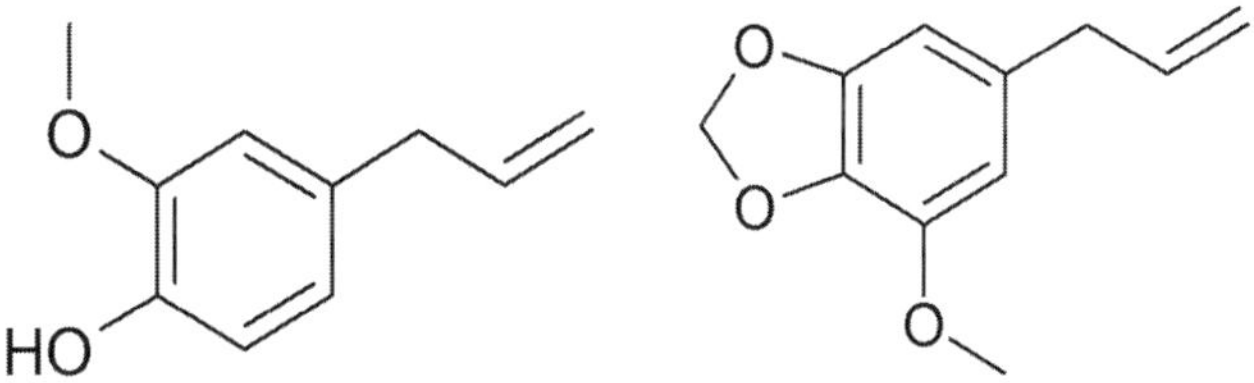

クローブの香り成分オイゲノール（左）と、ナツメグの香り成分ミリスチシン（右）

社は、民間などから広く投資を受けた、史上初の株式会社でもあった。近代的資本主義の成立にも、香辛料は一役買ったことになる。

一六六五年から行われた英蘭戦争では、勝ったオランダがモルッカ諸島の小さな島であるラン島を取り、代わりに北米大陸の片隅、ハドソン川の河口にある細長い島をイギリスに割譲した。これは当時にしてみればオランダに有利な取引と思われたが、現代の我々から見れば大損となった。オランダがこの時イギリスに割譲した島こそ、現在のマンハッタン島に他ならない。この時オランダが香辛料貿易に執着していなければ、ニューヨークの名は今も「ニューアムステルダム」のままだったことだろう。人類は、「しっぽ付きの亀の甲」を追いかけ回して、世界の形さえすっかり変えてしまったのだ。

香辛料は麻薬か

こうした人々の熱狂ぶりを見てくると、何やら香辛料には麻薬作用でもあるのではという気がしてくる。実際、ここまで挙げた香辛料は、アンフェタミンなどの麻薬と比較的近い親戚筋に当たり、構

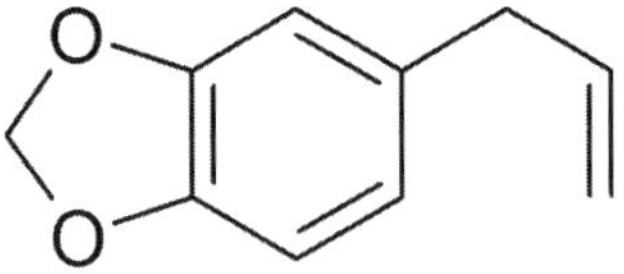

サフロール

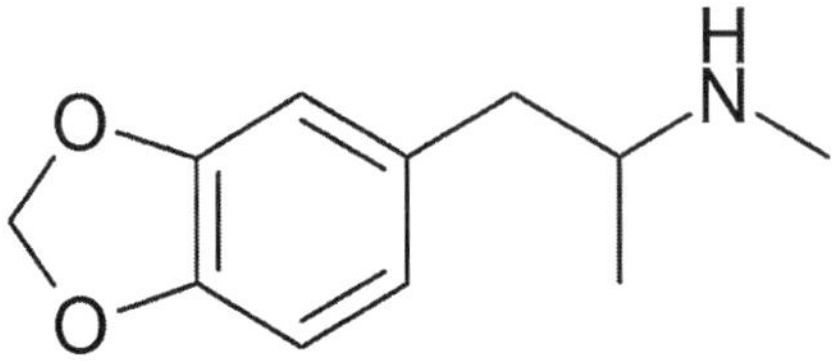

MDMA

造もかなり似たものがある。たとえば、芸能人が使用していたことで有名になった麻薬MDMAは、サッサフラス油の香り成分であるサフロールを人工的に化学変換して合成される。

ただし、麻薬分子は作用の鍵となる窒素原子を持っているが、香辛料の分子はこれを欠いている。このため、香辛料が強い向精神作用を持つとは考えにくい。体内で代謝を受けて麻薬様成分ができるのではと書かれた本もあるが、これも少々無理があるようだ。

香辛料崇拝が我々日本人に理解しがたいのは、我が国の食文化に香辛料の占める地位が低いことが一因と思われる。これは、日本人が長らく肉食をせず、穀物を主体とした食文化であったことが第一だろう。また新鮮な海の幸や清潔な水に恵まれた我が国では、保存食の必要性が低かったことも大きい。味覚の面でも、日本食では味噌や醤油などの発酵調味料が味付けの基本を成していたため、刺激的な香辛料が入り込む余地は少なかったといえる。強い自己主張を嫌う文化が、料理の面にも表れているのかもしれない。

それに加え、どうやら日本人は匂いに対して関心の低い民族であるようだ。日本語には「におい」「かおり」程度の語彙しかないのに対し、英語はsmell（臭気全般）、perfume（香料などの芳香）、odor（匂い）、stench（悪臭）、stink（悪臭）、scent（香気）、fragrance（化粧品などの芳香）、bouquet（酒の香り）、aroma（コーヒーやカレーなどの香り）、flavor（味と香りを合わせた語）などなど、日本語とは比較にならないほどの豊かな表現を持つ。また漢字にも、「匂」「臭」「香」「芳」「馥」「郁」「薫」「馨」「腥」など、様々なニュアンスを表す文字が存在している。匂いの文化に関し、諸外国に比べて日本はやや遅れをとることは否めないようだ。

終わらない香辛料の時代

列強が死闘を繰り広げた香辛料の利権争いは、一八世紀に入ると下火になる。あれほどまでに旺盛であった香辛料への需要が、この時期から落ち込み始めたのだ。この時期に起きた、「農業革命」がその一因ではないかと考えられる。

この時代まで、家畜は年間を通して飼えるものではなかった。冬に入ると牧草が不足するため、その前に家畜を保存食へと加工する必要があったのだ。しかし、カブなど冬でも育つ作物の開発、地味を痩せさせない輪作法の確立などが相まって、ヨーロッパの長い冬でも家畜を飼育できるようになった。このため年間を通して新鮮な肉が得られるようになり、香辛料の需要

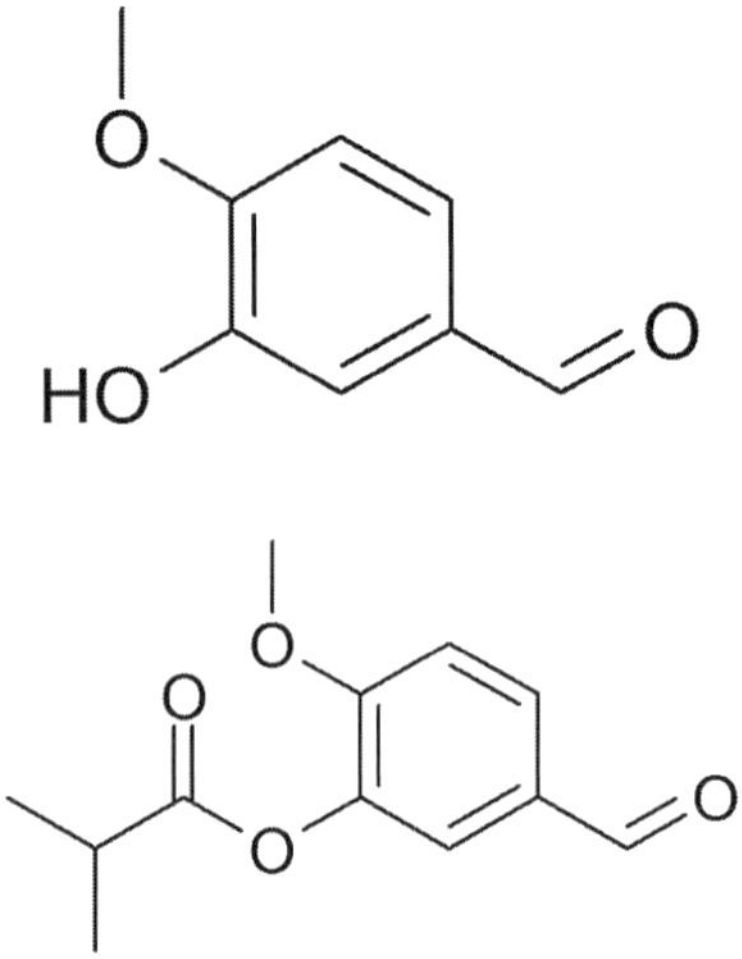

バニラの香り成分のバニリン（上）と、
チョコミントの香り成分イソブタバン（下）

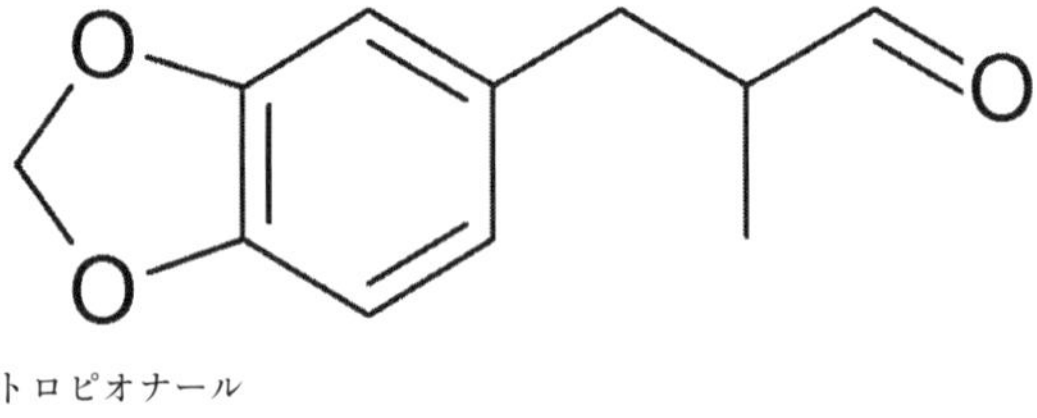

トロピオナール

が減少したのだ。一九世紀になって冷蔵技術が開発されると、この傾向は決定的になる。

今では香辛料は、単に味覚を楽しませるための嗜好品となっている。もちろん一定の需要はあるが、荒くれ男たちが香辛料を求めて七つの海を駆けめぐり、生産地の領有権を血みどろで争うようなことは、もはや起きることはない。

ただし、香辛料化合物の研究を元に、芳香族化合物の合成法、構造と香りの関連などについては、大いに解明が進んだ。このような化合物を作ればこのような香りを引き出せる、というように、かなりの部分「香りをデザインする」ことができるようになったのだ。

たとえば、バニラの香り成分であるバニリンの構造を少し変化させると、チョコミントの香りを作り出すことができる。サフロール分子の構造を少し変えれば、ユリやシクラメンの香りを持つ「トロピオナール」という物質になる。「液体の宝石」とも呼ばれ、高級ブランドの主力商品でもある香水は、これら香り物質をブレンドしたものに他ならない。今や香水業界は、数千億円クラスの企業が林立する巨大産業に成長している。新成分の開発競争は熾烈を極めるし、他社製品の分析によるコピーも横行するなど、シビアな戦場となっている。

また、香辛料の研究から医薬も生まれている。もともとシナモンやクローブは漢方薬としても用いられてきた歴史があるが、近年では唐辛子の発痛作用の研究から、逆に鎮痛剤を創るような研究が進んでいる。カプサイシンは体内で「受容体」と呼ばれるタンパク質に結びつくことで、痛覚のスイッチを入れる。カプサイシンに似た化合物でこの受容体を塞いでしまえば、痛みを感じなくなるという理屈だ。医薬の中でも鎮痛剤は巨大市場であり、その開発競争は現在極めてホットな分野になっている。

時代が流れ、香辛料そのものに対する需要は低下した。しかし、香辛料の成分は化学の力で姿を変え、新たな付加価値を得つつある。かつてのように血こそ流れないものの、今も香辛料を巡って、一攫千金を狙う者たちの闘いは続いているのだ。

第4章　世界を二分した「うま味」論争――グルタミン酸

味覚のホームグラウンド

街角に、ずらりと並ぶ人の列。何事かと思って列の先を見ると、そこにあるのはたいていラーメン屋だ。カレーやイタリアンなど日本人が好む料理は数あれど、これだけ行列ができるジャンルはラーメン屋以外にはないだろう。全国各地にそれぞれのご当地ラーメンがあるし、それらを食べ比べに出かける熱心なファンも数多い。ラーメンの味わいには、日本人を強烈に惹きつける何かがある。

筆者もハワイに行った際、何も海外に来てまでと思いつつ、つい大してうまくなさそうなラーメン屋に飛び込んでしまったことがある。期待に違わずあまりうまくもなかったその店の客は、やはりほとんどが日本人だった。我々にとってラーメンは、数日離れているだけで戻りたくなる、味覚のホームグラウンドのような位置を占めているようだ。

ラーメンの味の基礎を成す化合物は、グルタミン酸ナトリウムだ。昆布や鰹節のダシとして日本料理に欠かせない味であり、アジア圏の料理にも広く用いられる。このためグルタミン酸ナトリウムを純粋に取り出した「うま味調味料」は、各国で大きな成功を収めてきた。しかしその一方でこのうま味調味料は、長年にわたって様々なデマや批判に悩まされ続けてきた歴史を持つ。今に至っても、うま味調味料というものは、何か怪しげなもの、体に悪そうなもの、使うべきでないものというイメージを持つ人が多数派なのではないだろうか。

また日本人にはちょっと不思議なことだが、欧米では一世紀近くもの間、「うま味」という味はその存在さえも認められなかった。前章で欧米人の香辛料に対する熱狂ぶりは日本人には理解しがたいと書いたが、彼らにしてみればグルタミン酸の人気の方がよほど不可解なものであるようだ。これほどまでに愛され、嫌われ、無視されてきた味覚というものは、世界の食の歴史において全く類例を見ない（なお、グルタミン酸そのものはうま味が弱いが、普遍的に存在するナトリウムイオンがここに結びつくと、強く味を感じさせるようになる。以下本文では、単にグルタミン酸と表記する）。

タンパク質のセンサー

我々が生命を維持するのに、最も大事な物質は何だろうか？　おそらく科学者の答えは「タンパク質」で一致する。我々の体を作る筋肉の主成分はタンパク質だし、骨や腱を作るコラーゲンもタンパク質の一種だ。その他、体に必要な物質を合成したり、血液中で酸素を運んだり、体外から侵入してきた病原菌を撃退したりといった作用も、全てタンパク質が請け負う。我々がDNAの形で祖先から受け継ぐ遺伝情報というのは、すなわち「このようなタンパク質を作れ」という指令の集合体なのだ。

そのタンパク質とはどんなものかといえば、要するに数百個のアミノ酸が数珠つなぎになったものだ。わずか二〇種類でしかないアミノ酸の順列組み合わせだけで、あれほどまでに複雑多彩な機能が実現されているというのは、自然の大きな驚異の一つに数えられるだろう。そしてこの節の主役であるグルタミン酸は、この生命の基本単位である、二〇種のアミノ酸のひとつなのだ。

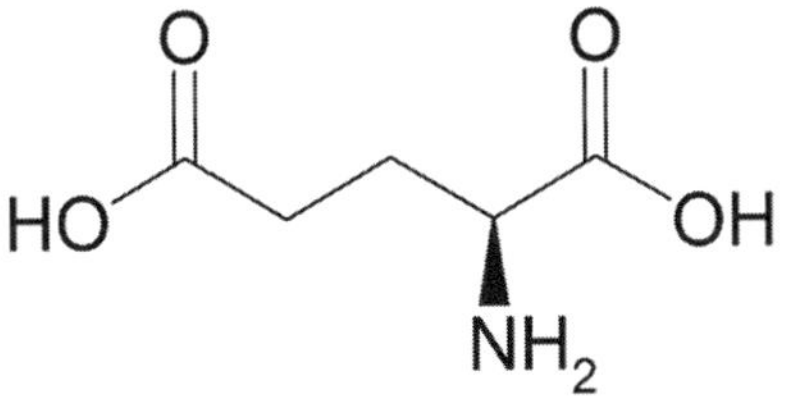

グルタミン酸

多くのタンパク質の寿命は、せいぜい数日でしかない。人体を構成するタンパク質は、古くなればすぐ分解され、新しく作り直されなければならない。このため、動物は生涯にわたって欠かさずタンパク質を摂取し続ける必要がある。肉や魚や大豆など食事から取り入れられたタンパク質は、体内でアミノ酸の単位にまで分解され、新たなタンパク質に組み替えられる。世界を満たす生命たちの営みは、アミノ酸リサイクルの壮大な繰り返しに支えられているのだ。

このようなわけで、動物は重要な栄養源であるタンパク質を積極的に摂取するため、その存在を捉えるセンサーを発達させた。タンパク質のあるところには、必ずそれが分解されてできたグルタミン酸が存在している。この「タンパク質の目印」を摂取した時に快楽を感じるよう、人間の体は進化した。

たとえば、人間の母乳に含まれるアミノ酸の半分はグルタミン酸だ。つまり我々は、生まれながらにうま味を求めるようにできているともいえよう。ラーメン店で行列を作る人々というのは、要するに母親の乳を求めるのと同じ心理に支配されているのだ。

醍醐の味

先に、欧米人はグルタミン酸の味の存在を理解しないと述べたが、彼らの全てが「うま味」に対して盲目だというわけではない。たとえば彼らが愛するチーズの味わいは、実はグルタミン酸に支えられているところが大きい。パルメザンチーズなどは、固形の食品中最もグルタミン酸含量が多く、一振りで料理の味を大きく変えてしまう。いわばイタリア版うま味調味料といっていい存在だ。

チーズは、人類最古の加工食品ともいわれ、紀元前五〇〇〇年ころにはすでに常食されていたと見られる。その起源ははっきりせず、おそらく世界各地で独立に発見されたのだろう。山羊や牛の乳を仔牛の胃袋に詰めて運搬するうち、乳が固まって偶然にチーズができたものと推定される。仔牛の胃は、母乳を消化するため「レンネット」と呼ばれる酵素を放出している。これによって乳のタンパク質が一部分解されてアミノ酸などができ、あの風味が生まれるのだ。できた凝乳から水分を除き、塩を加えれば長期保存可能なチーズが生まれる。さらに熟成期間のうちにもタンパク質の分解が進み、より味わいは深まる。牛や豚を死後すぐ食べるのではなく、ある程度おいてから調理した方がうまいのと同じことだ。

古代の人々にとり、美味かつ腐敗しにくいチーズは、まさに天の恵みというべき食品だった。熟成法やハーブの添加によって生まれた様々なバリエーションは、ギリシアやローマの美食家たちをも満足させた。

東洋でも、「蘇」「酪」「醍醐」など、チーズに類した乳製品は古くから製造されてきた。仏の教えの真髄をこれにたとえ、「醍醐味」と呼ぶのはよく知られるところだ。洋の東西を問わず、チーズこそは最高の美味とされてきたのだ。

栄養分の塊であるチーズは、旅行者や遠征の兵士の携帯食としても極めて重宝され、数多くの交易や戦争を陰で支えてきた。戦闘国家として知られたスパルタの人々は、人々が進んで戦争に行きたがるように、普段はわざと胆汁で苦くしたスープを飲み、戦場ではチーズや蜂蜜をたっぷり食べられる制度を採っていたという。

この他、グルタミン酸を多く含む食物には、トマトやパスタなどがある。グルタミン酸という名前自体、小麦粉の粘りの素である「グルテン」からつけられたものだ。これらの食材を生かしたイタリア料理が日本で人気なのは、当然のことなのかもしれない。

というわけで、欧米でもグルタミン酸を含む食品は、古くから愛好されていた。にもかかわらずなぜその味がなかなか認められなかったのか、その理由については後述することとしよう。

幕府を倒した昆布

一方、アジアでは豊かな調味料文化が育った。温暖湿潤な気候は細菌の生育に適しているため、各種の発酵調味料が進化したのだ。食材を塩漬けにして発酵させる「醬」はアジア各地で発達したが、日本で生まれて成功したのはいうまでもなく醬油だ。その味わいの素は、大豆の分解物であるグルタミン酸に多くを負っている。

しかし、日本料理の味わいを支えるバックボーンといえば、何といっても昆布や鰹節を煮出して取る「ダシ」だろう。昆布は、乾燥重量の四パーセントものグルタミン酸を含み、まさに理想的なダシの素だ。ちなみに、「昆布が海の中でダシが出ないのはなんでだろう」というフレーズがあったが、これは昆布の体内からグルタミン酸が漏れ出さないよう、細胞壁によってしっかりと守られているためだ。これを乾燥すると細胞壁が破壊され、煮出すだけでうま味成分が溶け出すようになる。

これだけ重宝する昆布ではあるが、その多くは寒冷な海域に分布し、今も天然ものの九五パーセントは北海道で採取される。このため良質の昆布は、かつては非常な貴重品であった。江戸時代に入って北前船のルートが整備されると、ようやく全国に普及することとなる。昆布貿易の中継点であった富山・鹿児島・沖縄などでは、今でも昆布を用いる郷土料理が多く存在する。

当時清王朝の支配下にあった中国でも、昆布の需要は旺盛であった。ここに目を付けたのが、薩摩藩の家老・調所広郷《ずしょひろさと》であった。彼の家老就任当時（一八三三年）の薩摩藩は、五〇〇万両にも及ぶ借金を抱え、ほぼ破綻状態にあった。しかし調所は商人たちからの借金を無利子二五〇年の分割払いで返済するという法を成立させ、事実上の踏み倒しをやってのける。その代わりとして、調所は清国との密貿易を行い、仕入れた品を優先的に商人たちに扱わせることで、彼らを懐柔した。

薩摩藩は、奄美や琉球で製造した砂糖を大坂の相場で販売し、その金で買い込んだ蝦夷地の昆布を大陸に売り込んで、巨額の利益を稼ぎ出したのだ。こうして薩摩藩は五〇〇万両の借金を清算し、逆に二五〇万両もの蓄財を行うという、奇跡的なV字回復を成し遂げた。薩摩藩が倒幕の主役を演じることになったのは、ここで得た資金の力が大きい。二六〇年に及ぶ幕藩体制を倒したのは砂糖と昆布、もっといえばスクロースとグルタミン酸ナトリウムという二つの呈味《ていみ》物質への、アジア人の偏愛であったと見ることもできるだろう。

実は筆者の祖先は、薩摩半島の南西端・坊津《ぼうのつ》の地に棲み着き、この密貿易に携わっていた一族だ。筆者も一度、坊津の地を訪れたが、陸地側は深い山、海側は細長い湾に囲まれたその地形は、いかにも幕府の目を盗む密貿易にふさわしいものだった。坊津の人々は当時から、遠い江戸などよりもはるかに、青く美しい海の先に広がる大陸の存在を身近に感じながら生きていた。薩摩人は全体に、生まれながらにして国際的視野を身につける環境にあったといえよう。日本の南西端、中央から目の届かない最果ての地である薩摩から倒幕の火の手が上がったのは、あるいは歴史的必然であったのかもしれない。

日本人の体格を向上させた男

その幕末、志士たちが駆け回る京都の薩摩藩邸で、一人の子供が産声を上げる。彼の名は池田菊苗、後に世界の調味料の歴史を大きく塗り替えることになる人物だった。少年時代から化学実験に親しむなど、恵まれた環境で才能を伸ばした彼は、一八八五年に東京大学理学部化学科に入学、研究者の道を歩む。一方で池田は、東洋哲学や政治論にまでわたる該博な知識を持ち、夏目漱石とも文学論を戦わせたほどの、典型的明治の教養人でもあった。坪内逍遙の後を受けて、国学院大学においてシェークスピアの講義をしたこともあるというから、その才人ぶりは実に驚くべきものがある。

一八九九年、池田はドイツへと留学、これが彼の運命を大きく変えることとなった。ドイツで池田が師事したのはヴィルヘルム・オストヴァルト、後にノーベル化学賞を受賞する物理化学の泰斗であった。化学反応速度に関する理論的研究がオストヴァルトの本分ではあったが、後述するように窒素肥料の生産法にも大きく貢献しており、紙の寸法規格（A４判など）の提案者でもある。純粋化学を追究しつつ、社会に貢献する研究にも積極的に取り組む師の姿は、池田に大きな影響を与えた。

留学期間中、もうひとつ池田に衝撃を与えたのは、ドイツ人の体格であった。一五〇センチそこそこの池田は、大男揃いのドイツでは本当に少年のようで、コートを買う時は子供用を選ばねばならないほどであった。現在の我々でも、日本人とはかけ離れた欧米人の食べっぷり、底なしとも見える体力を見ると、これは人種が違うと呆れることが多い。当時の池田にしてみれば、巨人の国に迷い込んだ心境だっただろう。

帰国して東京大学教授に着任した池田は、しばらく自分の研究テーマについて考えあぐねていた。ある日彼は、湯豆腐に使った昆布ダシのうまさに感動し、この成分を取り出すことを思いつく。純粋なうま味のもとを分離し、これを調味料として安く供給できれば、食も進んで日本人の体格向上にも寄与できるはず、というのが彼の発想であった。

池田は四〇キログラムもの昆布を買い求めると、早速実験に取りかかった。昆布を煮出した汁を煮詰め、徐々に夾雑物を除いた後に鉛塩《なまりえん》を加えることで、三〇グラムのうま味成分を結晶として取り出すことに成功したのだ。時に一九〇八年、日露戦争終結から三年後のことであった。この時初めて取り出されたグルタミン酸は、今も大切に保管されており、二〇一〇年には日本化学会によって「第一回化学遺産」に認定されている。

この発見の学術的価値は、例えようもないほどに大きい。甘味・酸味・塩味・苦味に続く、第五の味覚の存在を科学的に示したというだけでも非常な功績だ。後の研究で、グルタミン酸という物質は、生化学におけるキープレイヤーの一つであることがわかってきた。グルタミン酸は重要な神経伝達物質であり、この化合物なくして人間は記憶も学習もできない。池田の発見は、一世紀後の現在まで続く「グルタミン酸の科学」を開拓した、まさに時代を画する研究であったのだ。

池田の非凡さは、この発見を単に学術論文としてまとめるのみにとどめなかったことにある。彼はこの発見について特許を取得し、企業と組んでグルタミン酸の生産に乗り出したのだ。翌一九〇九年、池田のうま味調味料は「味の素」の名で世に送り出される。真にオリジナルな日本発の発見が、大きな産業へ結びついた初めての例として、我が国の産業史に特筆される出来事であった。

こうして生まれた味の素社は、今や年間売上一兆円超を誇る、食品業界のガリバーへと成長した。池田が嘆いた日本人の体格の貧弱さも、今や欧米人に引けを取らないところまで向上している。彼の研究成果も、そこに少なからぬ貢献をしていることだろう。

苦難の道

しかし池田と味の素のたどった道は、決して単純なサクセスストーリーなどではなかった。

まず、池田の「第五の味覚発見」という報告は、欧米では全く受け入れられなかった。前述の通り、欧米でもチーズなどグルタミン酸の味は楽しまれている。しかし、欧米の科学者はグルタミン酸の味をほとんど感じず、何度かテストが行われたものの、「無味」という結論が下されたのだ。

なぜこのような奇妙な事態が起こったのだろうか。その背景には、もうひとつのうま味成分の存在があった。欧米人が常食する肉などのうま味はイノシン酸という化合物によるものであり、日本のダシに当たるブイヨンなどもこちらの味だ。欧米人の舌は、このイノシン酸の味に慣らされていたのだ。

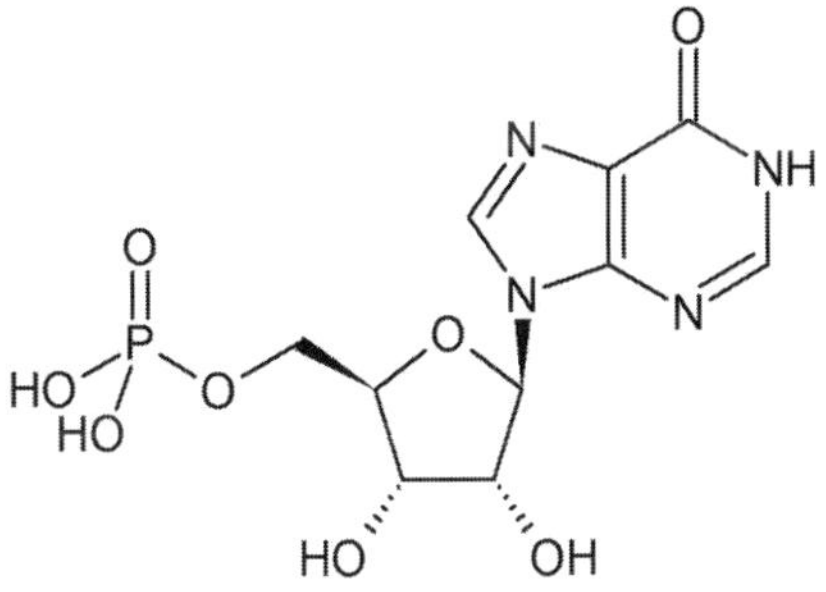
イノシン酸

イノシン酸は、グルタミン酸と一緒に口に入れると相乗効果が起こり、うま味を極めて強く感じることが知られている（このため、昆布と鰹節で合わせダシを取るのは極めて理に適っている）。しかしこの作用があったため、欧米人には「グルタミン酸は単に他の味を強めるだけの物質であり、単独の味覚ではない」と捉えられてしまったのだ。

ようやくうま味が世界的に認められたのは、実はごく最近になってからのことだ。二〇〇〇年にマイアミ大のグループが、舌の味蕾にグルタミン酸を感知する「受容体」があることを証明し、うま味が甘味や酸味などと並ぶ基本味であることがついに確定したのだ。この、日本人にとっては当たり前と思えるような発見に、各国の科学者はまるで幽霊の実在が証明されたかのような驚き方をしていたのだから、文化というものの溝の深さを感じずにはいられない。

池田の不幸は、その発見の価値が正しく認められなかっただけにとどまらなかった。味の素の事業化に成功したことで、「池田は金儲けのために研究をした」と非難を浴び、学者としての評価を下げてしまったのだ。彼は自らの還暦祝賀会で、以下のような挨拶をしている。

「自分は大学の教授として純粋の学問の研究に専念し、其の方面に業績を挙げるべき位置にありながら、怠ったのは遺憾に思う。又味の素の発見等は不本意なものの一つである。今後は純粋な学問をもっと深くやりたい。理科の教職にあるものは金もうけを第一にするような研究をなさらないようおすすめ致します」

歴史的大発見をし遂げ、巨大産業の基礎を提供した人物に、このような台詞を吐かせた世間の空気とは、一体どのようなものだったのだろうか。学者たる者は清貧であるべきであり、世俗の事物に心惑わされず真理の探究に一意専心すべし——こんな息苦しい理屈に鎧《よろ》われた、世間の妬みやそねみを受け、池田が深く苦悩していたことは想像に難くない。グルタミン酸発見から十年後に行われた大学の講義で、池田は味について従来の四味を列挙するのみで、うま味については一言も言及していないという。

「学者は清貧に甘んずべし」といった空気は、一世紀を経た現在にもなお生き残っている。二〇一〇年にノーベル化学賞を獲得した鈴木章博士が、自らの発見に特許を取っていなかったことが、「美談」として伝えられたのもその一例だろう。「当時は大学で特許を取る習慣もなかったし、そのお金もなかった」と鈴木博士自身も述べている。特許をきちんと取得して市場で正当な利益を挙げ、その資金で研究をさらに推し進めることは、全ての企業活動と同じことであり、非難されるべき筋は一点もあるまい。こうした「空気」が研究を停滞させ、新産業の芽を摘んでいる事例は、現代にも少なからずあるように思う。

便利さという恐怖

商品としての味の素もまた、池田に負けず劣らず苦難の道を歩いてきた。鈴木商店（味の素社の前身）社長である鈴木三郎助の巧みな宣伝戦略で売り上げを伸ばし、発売数年で海外展開を行うほどになったが、やがて「味の素の原料は蛇である」という噂に悩まされることになる。デマの火元となったのは、反骨のジャーナリストとして知られた宮武外骨であった。彼は各雑誌でこの話を書いた上、自ら発行していた雑誌に鈴木商店の偽広告まで載せて噂を煽ったというから、今なら完全に訴訟ものだろう。鈴木商店は「誓て天下に声明す 味の素は断じて蛇を原料とせず」という新聞広告を出し、一般向けに工場見学ツアーを企画するなど、火消しに追われることになる。

一九六〇年代には、味の素社はグルタミン酸の一部を石油からの化学合成で供給したが、これもまた世間からの指弾を受けた。しかし化学の目で見れば、これは何ら非難される筋合いではない。原料が昆布であろうが小麦粉であろうが石油であろうが、出来上がったものは同じグルタミン酸という分子であり、そこに差異は何もない。原料が何であろうが、原子に個性はない以上、つながり方さえ同じなら同じ分子であり、区別する理由は何もない。しかし、味の素社は十数年で合成法から撤退し、今ではサトウキビからの発酵法による生産に切り替わっている。

同じ頃、海外では「チャイニーズレストランシンドローム」が話題になる。中華料理を食べた後に、頭痛・発汗・動悸・めまい・吐き気などの症状を訴える者が現れ、その原因としてグルタミン酸が疑われたのだ。特にこのケースでは、たまたま米国の医学系大学の教授がこうした症状に陥り、それを一流学術誌に論文として投稿したために騒ぎが大きくなった。グルタミン酸は脳内で神経伝達物質として働くから、大量摂取によって中枢系に影響が起きるという説は、一見する分には説得力がある話だった。

アメリカでも、すでにグルタミン酸はスナック菓子などに広く使われていたから衝撃は大きく、使用禁止を求める声はすぐに強まった。しかし、その後何度も行われた厳密な試験で、こうした症状とグルタミン酸の摂取には関連がないことが示されている。各国の食品科学委員会などでも検討が行われ、グルタミン酸は「シロ」であると結論が出た。

しかしこうした噂は、一度立ってしまうとなかなか消えることはない。現在の日本でも、添加物の危険を訴える書籍や、人気のグルメ漫画などでチャイニーズレストランシンドロームの話は繰り返し取り上げられ、攻撃は延々と続いている。

日本人はかくもグルタミン酸の味を好むのに、なぜこうまでグルタミン酸の使用を嫌うのだろうか。あくまで筆者の考えではあるが、要するにうま味調味料は、あまりにも便利すぎるからなのではないか。自分を感動させ、惹きつける味わいは、厳選された材料と磨き抜かれた調理技術によって生み出されているべきだ——と思ってしまうのが人間だ。それが実際には安価な調味料一振りで簡単に実現されているとなると、何やら騙されたようで腹立たしくなり、調味料への攻撃につながってしまうのだろう。料理をする側としても、あたかもマラソンの途中でこっそりと車に乗ってゴールしたかのような後ろめたさがあり、これを我々は堕落と感じとってしまう。

手軽に美味しい料理を実現できてしまううま味調味料は、文字通り「うま過ぎる話」なのだろう。麻薬やうまい儲け話に嫌悪感を覚えるのと同様、我々は自分のあずかり知らない技術で生活が便利になることに、本能的に恐怖を感じるようにできているようだ。「うま過ぎる話」に対する警戒心というものは、人間の本能のかなり奥深いところに刻み込まれた感情なのだと思える。人々が、新しいもののもたらす便利さや快楽を満喫しながら、一方でそれを恐れて激しく叩くのは、遺伝子技術や原発にも共通の構図だ。

しかし、この「得体の知れないうまい話」に対する本能的な警戒心は、人間にとって重要なものでもある。何を聞いてもすぐ信じてしまう人ばかりであれば、この世は詐欺師の天国になるであろう。かといって、何でも怯えてばかりでは一歩も先には進めない。「便利さという恐怖」とどう付き合い、どうリスク判断をしてゆくかは、現代を生きる我々にとって極めて重要な課題であるに違いない。

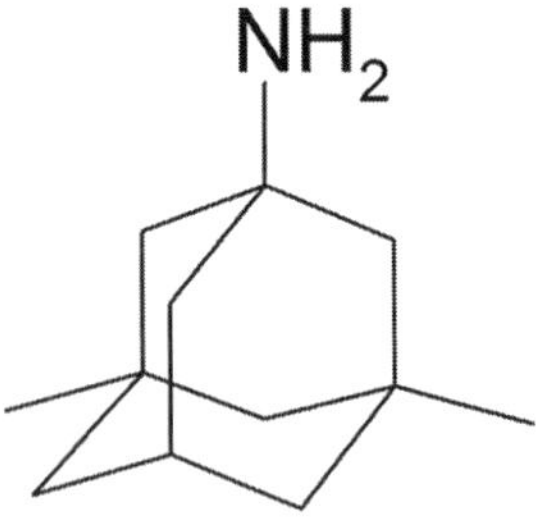

アルツハイマー症治療薬メマンチン

一方で、グルタミン酸をめぐるサイエンスはなおも目まぐるしく進展している。近年では、脳内のグルタミン酸受容体に作用し、アルツハイマー症による記憶力・思考力の低下を改善する医薬も登場した。かつて、「グルタミン酸は記憶に関連する物質なので、たくさん食べると頭が良くなる」という俗説があったが、グルタミン酸の構造に磨きをかけることで、その話が形を変えて実現したともいえよう。

この分野はなおも研究が進められており、現在最も社会的要請の高いアルツハイマー症の治療に対する、有力なアプローチとなっている。一方で、製薬企業にとっては巨万の富を生み出す最重要なフロンティアであり、競争はさらに激化していくことだろう。

このように、「心」を操る物質が発見され、創り出されたことは、近代科学における最も大きな発見の一つといえよう。一方でこれは我々にとって非常に不気味なことでもあり、本能的に反発を覚えてしまうことでもある。

しかし、古くから人類は、心に作用する物質をいくつも見出してきている。人々がそれらに溺れ、活用し、振り回されることで、歴史は大きく動いてきた。次章からは、こうした「心」に関連する物質について見ていくこととしよう。

第Ⅱ部　人類の心を動かした物質たち

第5章　世界を制した合法ドラッグ――ニコチン

魅力的な詐欺師

人間の体の仕組みというものは、知れば知るほどによくできている。筋肉の付き方から分子レベルに至るまで、よくも隅々まで見事に設計されていると、その奥深さに唸らざるを得ない。生物学者の説くところによれば、これは創造主がデザインしたものなどではなく、ランダムな変異を繰り返して選択され、たどり着いた結論なのだという。しかし、この精妙な仕組みが、偶然の積み重ねだけで出来上がっているとは、感覚的にはどうにも信じられない。生命誕生以来三八億年という時間は、途方もないシステムを磨き上げたものだと思う。

ところが、人間の身体面の精妙さとは裏腹に、精神の方はどうもあまり合理的にできていないようだ。なぜか人という生き物は、危険なこと、体に悪いとわかっていることを、時に自ら進んでやりたがり、せっかくの体のみごとな仕組みを台無しにしてしまう。三八億年をかけて鍛磨された肉体に比べ、せいぜい数万年ほどの歴史しか持たない精神には、あるいはまだまだ未発達な面が残っているのかもしれない。

例えば、人体は苦味を検知するための極めて優れたセンサーを備えている。なぜこのような仕組みがあるかといえば、ひとつには植物の作る化学兵器であるアルカロイドの毒を検知するためだ。古典推理小説でよく小道具となった猛毒化合物ストリキニーネなどはその代表で、極めて強い苦味を持つ。その場に立ったまま逃げることも戦うこともできない植物は、こうした毒物を作ることで、動物に食べられるのを避けている。

アルカロイドは窒素原子を含み、これはタンパク質などに強く結合しやすい性質を持つ。運悪く、生体の運営に不可欠なタンパク質にとりついてその働きを止めてしまうと、どこかしらに故障が出て、悪くすれば死に至ることになる。アルカロイドのいくつかが、毒として働くのはこういうことだ。たとえばストリキニーネは、脳内にあるグリシン受容体というタンパク質に結合して、中枢神経を異常に興奮させることで、痙攣や呼吸麻痺などを引き起こす。

一方で、窒素原子を含む化合物の多くはアルカリ性を示し、これを生体は苦味として受け取るように進化した。アルカロイドの分子構造は千差万別だが、その多くは苦く感じられるから、このセンサーはなかなかよくできているといえる。

このように、身体の方は精妙なセンサーを配備して毒に備えているというのに、精神の方はどういうわけか時にこれらアルカロイドを自分から摂取したがったりする。ジントニックの苦

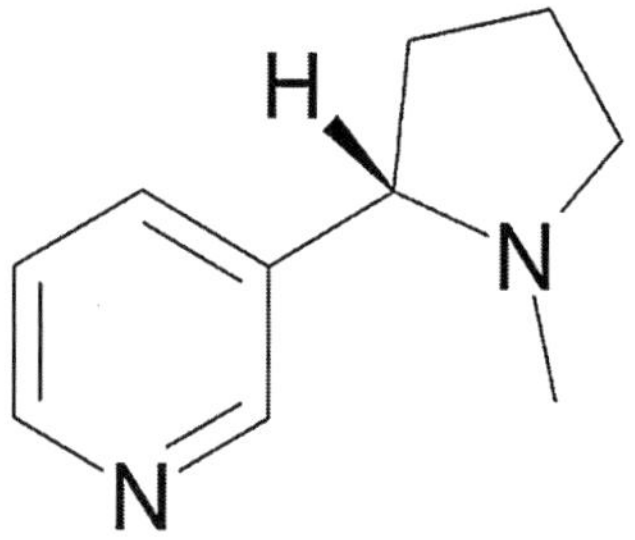

ニコチン

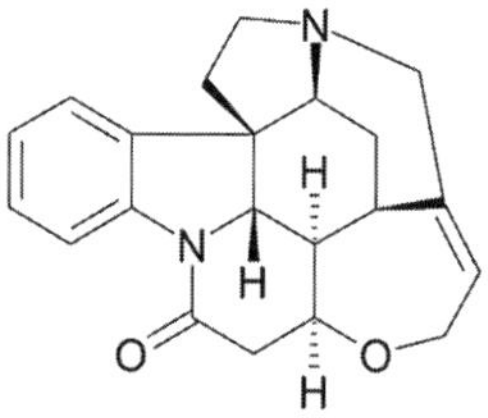

ストリキニーネ

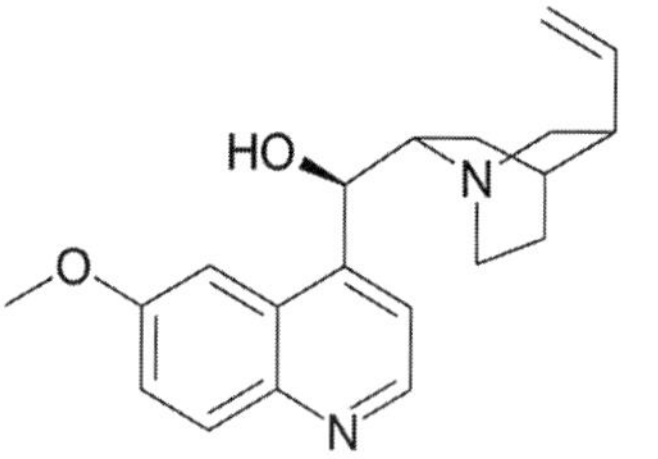

キニーネ

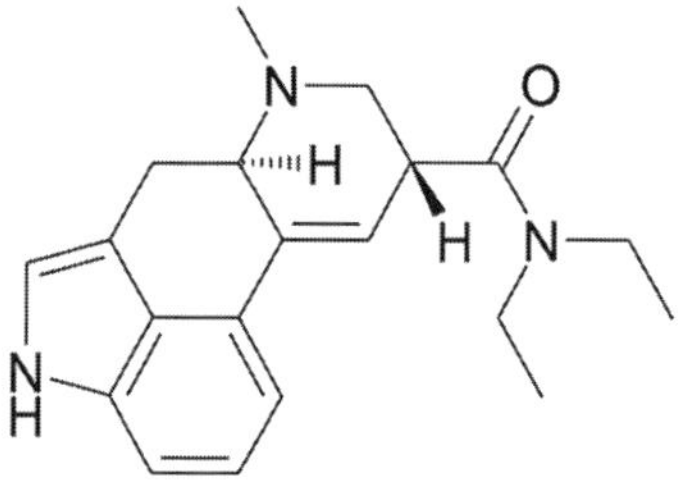

LSD（リゼルグ酸ジエチルアミド）

味は、アルカロイドの一種キニーネに由来するものだし、モルヒネ、ＬＳＤなどの麻薬・幻覚剤を、金と手間をかけて摂取する人は後を絶たない。セキュリティシステムを張り巡らせた家の主人が、わざわざ自宅に詐欺師を招待しているようなものだから世話はない。

こういうことが起きるのは、その詐欺師がなかなか魅力的であるからだ。詐欺師は友好的な顔をして近づき、やがて本性を現して主人を食い物にする。そうした化合物の中で最も身近かつ有名なのは、恐らくニコチンだろう。これほどまでに多数の人を魅了し、その健康を害してきた化合物は他にない。

人、タバコに出会う

植物のタバコ（学名ニコティアナ・タバクム）の原産地は、南米アンデス高地と見られている。しかし、人類がタバコの魅力を知ったのがいつであったかは、いまだはっきりしない。アンデスやマヤの文明には、文字による記録が極めて少ないためだ。

喫煙に関する最古の記録と考えられているのは、七世紀ごろのマヤ文明の遺跡から見つかった、タバコを吸う神のレリーフだ。しかし、アメリカ北部からブラジルに至るまで、数多くの部族がタバコに関する神話を伝えており、極めて古い時代からタバコが嗜まれていたことは間違いないと見られる。

これらの神話を見ていくと、タバコは争いを鎮めて平和をもたらし、神と人間をつなぐ聖なる植物と見なされていたことが共通する。怒りやイライラといった感情を抑え、集中を高めてくれるニコチンの作用は、他で得られるものではなかったからだろう。吸い込んだ成分が体内を巡り、吐き出した煙が天へと立ち上っていくさまは、神との交歓を果たした証に見えたに違いない。

彼らが愛用したタバコは、どのようなものだったのだろうか？　一五世紀の記録によれば、「いくつかの枯れ草を、一枚のやはり枯れた葉っぱでくるんだもの」に火をつけて吸っていた（ラス・カサス『インディアス史』）というから、今でいう葉巻が楽しまれていたわけだ。一方北米大陸では、動物の角に穴を開けたものに煙草の葉を詰めて吸っていたとされ、こちらはパイプの原型に当たるだろう。

また、ニコチンの吸収を助ける石灰と共に葉を噛む「噛みタバコ」、粉末にした葉を鼻から吸い込む「嗅ぎタバコ」らしき記録も残っている。先住民たちは、あらゆる形でタバコの効果を味わっていたのだ。

彼らにとってタバコは単に嗜好品というだけでなく、宗教儀式に欠かせないアイテムであり、部族間の和平の際には同じパイプを回し喫する習慣が長く残った。互いに酒を酌み交わす、契りの盃のような感覚だったのだろう。

タバコは、有効な医薬でもあった。実際、ニコチンには鎮痛効果もあり、虫歯や傷口に汁を塗ったり、浣腸に用いるなどの形で利用されていた。このため、農耕の習慣を持たない部族でさえも、タバコだけは栽培していたケースも多い。

ただし、ニコチンは毒性も強く、成人でも数十ミリグラムを経口摂取するだけで致死量となる。身近な物質としては屈指の猛毒であり、現代でも乳幼児がタバコを誤飲して死に至ったケースは数多い。先住民たちにも、タバコのために命を落としたものは少なからずいたことだろう。

ニコチンとは何か

実のところニコチンは、タバコという植物が虫害を防ぐために作る天然の農薬だ。タバコを浸した水を植物に噴霧すると、アブラムシなどをきれいに駆除することができる。この殺虫成分が、たまたま人間の精神に対しても作用を持っていたのだ。

動物の脳内では、アセチルコリンという神経伝達物質が働いている。思考をする時、体を動かすときなど、このアセチルコリンが脳の神経細胞同士の連絡役を果たす。そしてニコチンは、このアセチルコリンと同様の役割を演じることができるのだ。このため、ものを考える際にニコチンを摂取すると、神経の働きが活発化し、深い思索を助けることになる。

しかし、ニコチンを外部から補給し続けていると、徐々にアセチルコリンの生産力が落ちてしまい、タバコを吸っていないと思考力が低下するようになってしまう。タバコをやめて一月くらいしないと、アセチルコリンの生産は回復しないという。

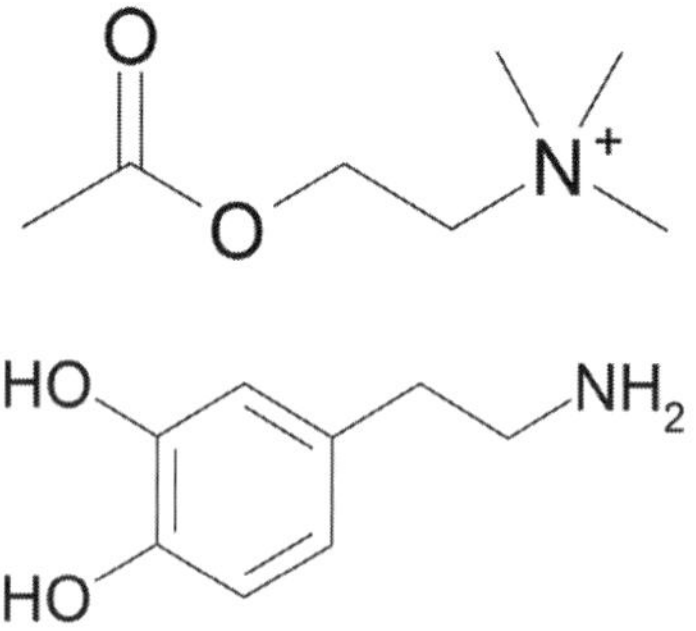

アセチルコリン（上）とドーパミン（下）

　またニコチンは脳内の側坐核という部位に作用してドーパミンの放出を促し、これが快感として学習される。しかし、タバコを急に止めるとドーパミンの生産が落ち込み、イライラを誘発する。これが、タバコが常習化してしまう原因だ。

コロンブスの土産

　アメリカ大陸の発見者コロンブスは、今でこそ歴史に不動の地位を占めている。だが彼の存命中、その評価は案外高くなかったようだ。当時、彼の発見した新大陸は、ヨーロッパ貴族にとっては遠い世界のことであり、夢物語のようにしか受け取られていなかったのだ。

　さらに、コロンブスは莫大な金銀を持ち帰ると大見得を切ってスポンサーを集めたのだが、実際には金はほとんど見つけられなかった。黄金のありかを吐かせようと、コロンブスはアメリカ原住民に対して過酷な支配を行うが、これも失敗に終わる。結果、彼は本国へ強制送還され、全ての地位を剥奪される憂き目に遭った。

　またコロンブスは、自分が到達したのはインドだと思いこんでいたため、一時は新大陸発見の栄誉も商人アメリゴ＝ヴェスプッチによって奪われ、大陸はその名を取って「アメリカ」と命名されてしまった。本来であれば、コロンブスの名をとって「南北コロンビア大陸」「コロンビア合衆国」の名が地球儀に刻まれていても、何の不思議もなかったはずだ。

コロンブスを悪く言う人は今もおり、こうした人は「彼がヨーロッパへ持ち帰ったのは、梅毒とタバコだけであった」とまで言い切る。この両者は、快楽と共にあっという間に全世界へ伝播し、結果として多くの命を奪うこととなった。

初めて大西洋を横断したコロンブス一行がたどり着いたのは、カリブ海に浮かぶ小島サン＝サルバドル島であった。原住民は白い肌の珍客に、枯れた葉を数枚贈る。これこそが、西洋文明のタバコとの最初の出会いであった。黄金を求めてやって来た一行は失望したが、結果的にこの枯れ葉は、黄金など遥かに上回るほどの莫大な富を生み出すことになる。

やがて、一行のスペイン人のうち何人かが、原住民のやり方をまねて喫煙を開始する。見かねた仲間が、原住民のまねなどよすように諭したが、喫煙者は「もはや自分の意志でこれを止めることは難しい」と答えたという。タバコは、西洋とのファーストコンタクトと同時に、早くも中毒者を作り出していたのだ。

世界を制したアルカロイド

コロンブスらが持ち帰ったタバコの種は、早速スペイン各地で栽培された。その効果を研究したセビリアの医師ニコラス・デ・モナルデスは、これを万能薬と認め、大いに宣伝に努めた。消毒・止血・座薬の他、歯磨きにまで用いられたというから、ちょっと現代の感覚では理解しかねる。

フランスの駐ポルトガル大使であったジャン・ニコは、本国帰任の際にこの珍奇な植物を持ち帰る。タバコはフランス王妃カトリーヌ・ド・メディシスの頭痛を治したことで評判となり、「ニコの薬」として知られるようになった。こうして、タバコを発見したわけでも発明したわけでもないニコは、史上最も悪名高い化合物たるニコチンにその名を残すことになった。

というわけでタバコは当初、医薬としてヨーロッパに普及していった。後述する様々な弾圧にもかかわらずタバコが生き残ったのは、この医薬という表看板があったことが大きいだろう。

一六世紀後半には、イギリスを経てオランダでパイプによる喫煙が広まり、三十年戦争（一六一八〜一六四八）によってヨーロッパ一円に拡大したといわれる。北米においては、バージニアなどが代表的なタバコ産地であり、その輸出による収益は、長く植民地の発展を支えることとなった。やがてバージニアは北米最大の植民地となり、独立運動においても重要な役割を果たすが、これにはタバコによる経済力が大きくものをいった。バージニア州には、今も世界最大のタバコメーカーであるフィリップ・モリス社が本拠を置く。同社の主力銘柄は「バージニア」という名であり、今も年間二五〇〇億ドルもの売り上げを誇る。

タバコが日本に入ってきたのは戦国期で、フランシスコ・ザビエルの従者が口から煙を吐き出す姿に、人々が肝を潰したとの伝承がある。織田信長を筆頭とした南蛮趣味の流行により、キセルを吹かす習慣は急速に広まった。

タバコの種が日本に入ってきたのは一六〇一年のことで、病床にあった徳川家康に、スペイン人が献上したのが始まりとされる。家康は薬に非常に造詣が深く、手ずから調合したものを家臣などに与えるほどであったというから、南蛮渡来の「万能薬」にも大いに興味を示したことだろう。タバコは江戸時代を通じて庶民にも浸透し、各種の喫煙具が発達するなど、文化の重要な一端を担うことになる。

フランス宮廷で流行したのは、いわゆる嗅ぎタバコであった。タバコの葉の粉や香料などを混ぜて棒状に成形したものを携帯し、これをすり下ろしてひとつまみ鼻から吸い込むというものだ。優雅に吸入した後、上品にくしゃみするところまでマナーとして定められていたという。マリー・アントワネットの所持品には、黄金の嗅ぎタバコ入れが五二個あったというから、その流行ぶりは相当なものだった。火を使わず、煙も出ないこの方法は各国に広まり、一八世紀にはパイプなどを駆逐する勢いを示した。

しかしフランス革命においては、パイプをくゆらせた革命勢力が、嗅ぎタバコに象徴される貴族文化を打ち倒した。また一八四八年の三月革命では葉巻をシンボルとして掲げた民衆が権利を勝ち取り、ここに嗅ぎタバコの流行は廃れてゆく。人目をはばからず煙を吹き上げる行為は、自由の象徴とみなされたのだろう。レーニン、カストロ、ゲバラなど、革命家に葉巻の愛好家が多いのは、ただの偶然ではなさそうだ。

一九世紀後半からは紙巻きタバコ（シガレット）が登場し、一挙にタバコの王座に就く。手軽で持ち運びしやすく、ニコチンの吸収がよいのが大きな理由であった。紙巻きタバコを一服すれば、ものの一〇秒から一五秒でニコチンが全身に回る。長い歴史が編み出した、究極の喫煙形態だ。

タバコ弾圧

もちろん、タバコはいつでもどこでも諸手を挙げて迎え入れられたわけではない。史上初めて大規模にタバコを弾圧したのは、イギリスのジェームズ一世だ。彼は一六〇四年イングランド王に即位するや早速「タバコ排撃論」なるパンフレットを刊行し、「未開で神を信じない卑しい異教徒の、野蛮で不潔な風習」などと、猛烈に喫煙習慣を非難している。

実のところ、これには複雑な背景があった。ジェームズの母メアリーはエリザベス一世によって処刑されており、ジェームズは母の敵の後継者としてイングランド王座に就いた。このためジェームズはエリザベス時代の政策や文化をひっくり返すことに熱中し、タバコもこのターゲットとなったといわれる。

ジェームズはタバコの関税を四〇倍以上に引き上げるといった極端な政策を敷いたが、すでにタバコの味を覚えた民衆がいきなり禁煙できるはずもなかった。結局これは密輸入の急増を招いただけで、彼の在位中にタバコの消費量は逆に増えてしまったともいわれる。

一六三九年にはニューアムステルダム植民地（現在のニューヨーク）でも禁令が出されたが、市民の激しい抵抗に遭って沙汰止みになっている。オスマン・トルコ帝国では、喫煙者が耳や鼻を剃ぎ取られたり、絞殺刑に処されたりしているし、帝政ロシアでも喫煙者に対して死刑やシベリア追放を含む厳しい刑罰が科された時期がある。その他、クロムウェル、ルイ一四世、ヒトラーらもタバコを弾圧したが、これら歴史的独裁者が強権を振るってさえ、タバコの廃絶に完全に成功したといえる例はない。

日本でも、家康の跡を継いだ二代秀忠、三代家光らが、喫煙・栽培・売買の一切を禁ずる措置を打ち出している。これは、農家が儲かるタバコ栽培に次々と乗り換えたため、食料の不足を懸念する意味合いが強かったようだ。しかし諸外国同様、幕府の禁煙令も功を奏することはなかった。結局、八代将軍吉宗は逆にタバコ栽培を奨励し、そこから税を取り立てる方針に切り替えている。

タバコの抑制に名を借りて、税金を取り立てることに注力するのは、古今東西あらゆる国に共通するやり方のようだ。現在の日本では、タバコの値段の六割は税金であり、その税収は一兆円を超えている。タバコは黄金よりもよほど富を生み出した、といわれるゆえんだ。

タバコと文化

このような次第で、様々な害があるということはわかっていつつも、タバコが廃れることはなかった。一方で、タバコが文化の発展に貢献した面も、無視するわけにはいくまい。

作曲家バッハはパイプの愛好家であり、「ある喫煙家の教訓的思索」という曲を作曲し、その効能を讃えている。かのニュートンも大の愛煙家であったし、アインシュタインも「パイプを吹かすことは、人生の諸問題において冷静で客観的な判断を下すのに役立つ」と述べている。心理学の開祖フロイトは非常な意志力の持ち主として知られるが、「葉巻を吸うという素晴らしい習慣をやめたことで、私の知的関心が大いに低下した」と、禁煙したことを悔やんで見せている。その他近代の作家、芸術家などでは、愛煙家でない者を挙げた方が早いほどだろう。これら天才たちの思索を、ニコチンが助けたことは否定できない。

ビゼーのオペラ「カルメン」では、主人公はタバコ工場で働く女性であり、自由奔放なスペイン女というキャラクターを表す、重要な小道具となっている。グレタ・ガルボは、映画「肉体と悪魔」でタバコを口移しに男にくわえさせることで、魔性の女を見事に演じて見せた。マレーネ・ディートリッヒに至っては、残っている写真のほとんどでタバコを手にしている。総じてタバコは女性にとって、自らの意志と快楽に従って生きる、「自由」を象徴するアイテムといえよう。

一方、男性にとってタバコは、「男らしさ」の表現として機能する。クラーク・ゲーブルやハンフリー・ボガートなどなど、名優たちの手にタバコがなければ、数々の観客を魅了したシーンの印象は、ずいぶん違うものになっていただろう。もっともクラーク・ゲーブルは、喫煙による歯槽膿漏で若い頃から総入れ歯になっており、「風と共に去りぬ」の撮影中には、ヴィヴィアン・リーにその口臭をひどく嫌がられていたという。男らしさを演じる代償は、やはり小さくはなかったらしい。

「自由」「強さ」といったタバコの持つイメージは、どこから来るのだろう。オスのクジャクが大げさな尾羽を持っているのは、あれだけ邪魔なものをぶら下げていても十分に生き抜ける力を持った、強いオスであることを誇示するためだという。これと同じで、体に悪いとわかっているタバコをあえて吸ってみせることで、恐いもの知らずで頑健な肉体を持つ男であることをアピールする意義があるのだろう。オスとは、愚かと知りつつ見栄を張らずにはいられない生き物のようだ。

また悠然とタバコを吹かす行為は、精神的な余裕があることのサインとなる。そして煙を上げるという、本質的に迷惑を伴う行為を平然と行うことは、相手より優位に立っていることを見せつける、示威行動に他ならない。

タバコのこうした効果を最も有効に使ったのは、ダグラス・マッカーサー元帥だろう。パイプをくゆらせながら悠然と厚木飛行場に降り立つ彼の姿は、日本国民の心を「降伏」させ、新たな支配者としてのアメリカを印象づけるに十分だった。戦後史に大きな影響を与えたこの写真を、マッカーサーはわざわざ六〜七度も撮り直させ、選び抜いたという。そのもたらす効果を、熟知してのことだったに違いない。

タバコは消えるのか

タバコが文化の一端を担い、数々の芸術作品に貢献してきたことが事実だとしても、残念ながらその害毒を帳消しにできるわけではない。森鷗外の数々の名作の誕生に、彼の愛した葉巻が貢献していたのだとしても、もし吸っていなければ六〇歳で亡くなることもなく、さらに多くの傑作をものしたかもしれない。ナット・キング・コールから忌野清志郎に至るまで、タバコさえ吸っていなければまだまだ素晴らしい曲を聞かせてくれていたであろうミュージシャンは数知れない。

タバコの害は早くから指摘されてきたが、本格的な科学的実証が進んだのは二〇世紀に入ってからだ。統計学が発達したこともあるが、平均寿命が伸びたことで、タバコによる慢性疾患の害がはっきり見えるようになってきたことも大きいだろう。多くの詳細な研究から、タバコは肺がん、咽頭がんなどの原因になることはもちろん、狭心症・脳血栓・脳梗塞などの生命に直結する疾患、インフルエンザや結核などの感染症のリスクも高めることが示されている。日本人では一日一箱の喫煙で十年ほど寿命が縮むとされ、これは交通事故や化学物質の害などあらゆるリスクと比べても、ダントツの危険度だ。

近年注目されているのは、慢性閉塞性肺疾患（COPD）だ。これはほぼ喫煙者のみに起こる病気で、肺胞が徐々に破壊されて呼吸が困難になってゆく。「死よりも苦しい」とさえいわれ、タバコによる害の中で最も恐るべきもののひとつだ。日本ではあまり知名度が高くないが、WHOの試算では世界の死因の第四位を占めるというから、極めて大きな脅威という他ない。

こうしたこともあり、嫌煙運動は特に近年勢いを増している。現代は、タバコ受難の時代だろう。ほんの三〇年ほど前、街のどこででも大手を振ってタバコを吸っていた愛煙家たちは、今や建物の片隅や屋上、喫煙室と称した狭苦しい箱の中に閉じこもっての喫煙を余儀なくされている。筆者自身はタバコを吸わず、他人のタバコの煙も全く好きではないが、現状を見ていると少々愛煙家諸氏に同情したくもなってくる。

一九六六年、日本の成年男性における喫煙率は八三・七パーセントに上ったが、二〇一二年にはこの数字は三二・七パーセントに低下した。諸外国でも状況は同じで、喫煙率は低下の一途にある。ではタバコは、今後なくなっていくのだろうか？　どうも筆者にはそうは思えない。タバコは、人間の精神の最も深いところに食い込むものであるからだ。

識者によるタバコ擁護論を読んでいると、他の問題では緻密な論理のもとで明快な判断を下している人が、「肺がんにかかるのは遺伝的な要素が大きい」「副流煙の害は無視できる」などと統計データを無視し、偏った見方を平然と述べているのに驚かされる。人間は誰しも、好きなものの長所を過大に捉え、短所には盲目になるものだが、タバコはそのバイアスを最大限に引き出す力を持つようだ。

本書では、人類がいかに各種化合物を生産し、利用してきたかを述べてきた。しかしことニコチンに関しては、化合物の方が人類を操ってきたかのような印象を抱く。

ウイルスは、他の生物に寄生してその増殖システムを乗っ取り、自らのコピーを増やしてゆく。もちろん彼らには、宿主を操り、害そうなどという意志があるわけではない。ただ結果として、そうなっているだけのことだ。

ニコチンは、これと同じように人間の精神に食い込み、快楽の中枢を刺激することで、自らを量産させてきた。いわば、精神に対するウイルスのような存在なのだろう。ウイルスはあまりに毒性が高いと、宿主がすぐ死んでしまうため増殖効率が上がらない。このため長期にわたって流行する病原体は、毒性も緩やかなものが多い。

他にも人間に快楽をもたらすアルカロイドは多数あるが、モルヒネやコカインは害毒があまりに大きく、広く社会に受け入れられることはなかった。ニコチンが「成功」したのは、適度な快楽と毒性のゆえであっただろう。

ウイルスの中には、宿主の生物にメリットを提供して共生し、結果的にまるごと生命のシステムに組み込まれてしまったものもある。タバコもこれと同様、数百年の間に見事に人間社会に溶け込み、システムの一部になりおおせてしまった。このストレス社会が続く限り、ニコチンによる癒しが必要な場面もなくならないだろう。人類とニコチンとの「共生」関係は、求める者がいる限り、いつまでも続いていくと思える。「必要悪」という言葉を化学構造式に直すと、それはニコチン分子のかたちになるのかもしれない。

第6章　歴史を興奮させた物質――カフェイン

偏愛される秘密

飲料業界には、「センミツ」という言葉があるという。千の新製品を出したとしても、生き残って市場に定着するのは、せいぜい三つ程度しかないという意味だ。確かに、これほど製品の改廃サイクルが速い業界はあまり見当たらない。季節ごとに大量の商品が登場しては消えていく有様を見ていると、飲み物に対する人々の好みや興味が、いかに移ろいやすいかを実感する。

しかし、文化や時代の壁さえ越えて、世界中で愛されている定番の飲料もいくつか存在する。その代表選手を挙げるなら、コーヒー・紅茶・緑茶、そして近代ではコーラということになるだろう。一年間に生産されるコーヒーを全て袋に詰めて一列に並べれば、地球を三周半する。茶は水に次いで世界で二番目に飲まれている飲み物だし、コーラは世界で一日一五億本が消費される。これらの人気ぶりは、他のソフトドリンクを完全に圧倒しているといってよい。

これらの飲料には、ひとつの共通点がある。いずれもカフェインをたっぷりと含んでいるのだ。あまり意識しないが、五〇〇ミリリットルのコーラは五〇ミリグラム程度のカフェインを含み、その濃度は紅茶や緑茶飲料に匹敵する。ついでにいえば、やはり世界を制した菓子であるチョコレートもまた、カフェインとその類縁体を多量に含んでいる。かくも偏愛されたカフェインの秘密とは、一体何なのだろうか。

茶の起源

カフェインの普及は、まず東洋で起こった。伝説によれば、最初に茶を淹れて飲んだのは、古代中国第二代の帝王・神農であったという。彼はあらゆる草を舐めて毒か薬かを調べたとされ、薬の神様として日本でも信仰を受けている。

神農が湯を沸かして飲もうとした時、偶然茶の葉が湯呑みに飛び込み、その清涼感と刺激を体験したのが喫茶の習慣の始まりとされる。また一説には、彼が毒草を舐めた後、茶を服用してその毒を消していたともいう。

神農は紀元前二七〇〇年ごろに在位したとされるが、現在では実在の人物とは考えられておらず、これらのエピソードも神話の類であろう。ただし、茶がかなり早い時期から薬草として用いられてきた傍証とはいえそうだ。

茶の普及を促進したのは、仏教及び道教の僧たちであった。精神を研ぎ澄まし、集中力を高める茶の作用は、瞑想修行に有効と考えられ、積極的に服用された。仏教の広がった範囲は、茶の愛飲されていた東アジア地域に重なっており、カフェインの存在は釈迦の教えの拡大に、ずいぶん貢献したと見られる。

茶に関する初めての信頼できる記録は、紀元前一世紀に前漢の王褒《おうほう》が著した『僮約《どうやく》』に登場する。この頃には茶はすでに商品として確立していたが、まだまだ貴重品だった。この三〇〇年ほど後の時代を描いた『三国志演義』は、劉備《りゅうび》が病身の母のために高価な茶を苦労して買い求めてくるシーンで開幕する。この時代、茶はまだ嗜好品ではなく、あくまで医薬の一つであったのだ。

カフェインの薬理

カフェインは、今も医薬として用いられている。気管支を拡張するために喘息にも効果があるし、偏頭痛の治療薬としても有効とされる。風邪薬に配合されているのは、その鎮痛補助作用を見込まれてのことだ。

毒と薬は紙一重と言われるが、カフェインにも毒性がある。コーヒー三五杯分のカフェインで中毒症状が現れ、八〇杯分で半数が死に至るというから、思ったより強い毒なのだ（もちろん通常の飲み方なら、影響を受けるほどの量を摂取する可能性はない。またカフェインは体内に蓄積もしないので、一気に非常識な量を摂取しない限りは何の問題もない)。

また弱いながら依存性もあり、中毒者はカフェインが切れると頭痛・疲労感・集中力低下などの症状が現れる(筆者にもややその気がある)。影響を受けるのは人間だけではなく、たとえばクモに投与すると、酔っぱらったようになってきちんとした巣を張れなくなるというから面白い。カフェインはいろいろな面から見て、立派な「ドラッグ」なのだ。

カフェイン・ハイ

古代の中国へと話を戻そう。茶が嗜好品として普及し始めるのは唐代(六一八~九〇七)のことで、首都洛陽には喫茶の店が建ち並んだといわれる。七六〇年頃に陸羽が著した、『茶経』は十章三巻から成る大著で、茶に関する道具や技術が詳述された、茶文化の集成というべきものであった。

文人たちは、茶を喫することで精神を高め、詩作や書に励んだ。要はドラッグの作用でハイになっていたわけで、このあたりマリファナやLSDを服用しながらサイケデリックアートを生み出した、かつてのヒッピームーブメントに通じる部分がある。

たかが茶でハイになるなど大げさな、と思われそうだが、例えば唐代の詩人盧仝《ろどう》は、茶の効能について次のような一節を含む詩を遺している。

一椀喉吻潤　両椀破孤悶
三椀捜枯腸　唯有文字五千巻
四椀発軽汗　平生不平事　尽向毛孔散
五椀肌骨清　六椀通仙霊
七椀喫不得也　唯覚両腋習習清風生

（大意）一杯飲むと喉が潤い、二杯目で一人思い悩むことがなくなり、三杯目で腹の中に邪心がなくなる。四杯目では軽く発汗し、毛穴から日頃の不平不満が抜け出ていく。五杯目では全身が清々しく爽やかになり、六杯目では仙人の境地に達し、七杯目はもはや飲むまでもなく、両脇をそよ風が吹き抜けるような心持ちであった。

ずいぶんな境地にまで達してしまっているが、これはあながち白髪三千丈式の誇大な描写ともいえないようだ。我々の体内にはアデノシン受容体という、いわば鍵穴のようなタンパク質がある。ここにアデノシンという体内物質が鍵のように結びつくことでシグナルが伝わり、興奮が治まって鎮静作用が現れる。

ところがカフェインは、アデノシンの代わりに鍵穴に入り込んでしまい、その作用を妨げるのだ。結果、体は興奮状態になり、心筋収縮力の増大や運動機能の亢進などが起こる。イギリ

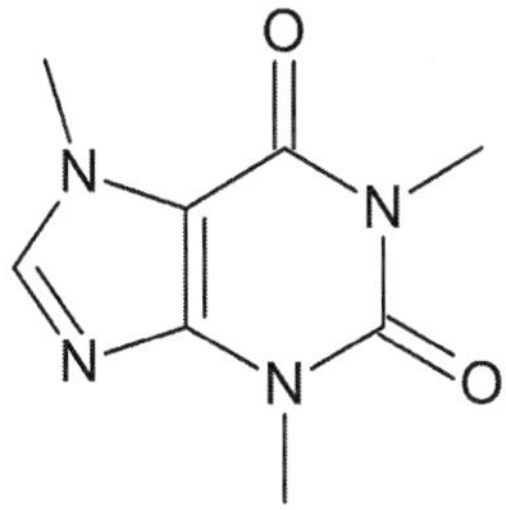

カフェイン

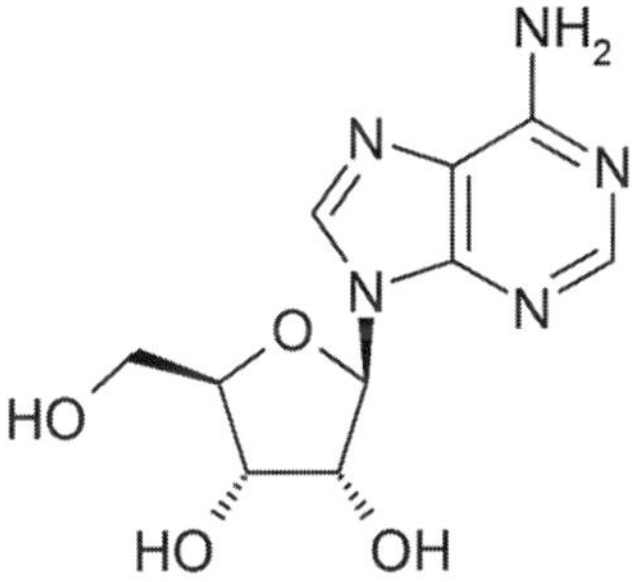

アデノシン

スの研究では、一五〇〇メートル走の選手に三五〇ミリグラムのカフェインを投与すると、タイムが平均で四秒伸びたという。このため、多くの競技でカフェインは監視薬物に指定されている。

　しかし、普段からカフェインを摂取していると、これに対応して脳内の受容体が増えることが観察されている。カフェインに慣れていなかった時代の人々には受容体の数自体が少なく、我々より遥かに茶やコーヒーが「効いていた」可能性がある。現代人も、初めてカフェインを摂取した際には強い心拍上昇や血圧上昇が見られるが、回数を重ねるに従って収まっていく。

　実際、カフェインの洗礼を受けるのが遅かった西欧諸国には、今もカフェイン耐性が低い人が少なくない。このため、日本ではほとんど注文されないカフェイン抜きコーヒーが、欧米ではかなりの人気を集めている。要は、各種の化合物にさらされることによって、生命のメカニズムまでが影響を受けてしまっているのだ。恐らくカフェイン以外でも、こうした現象は起こっていることだろう。大げさに言えば、唐代の人々と我々では、体の作りが変わってしまっている可能性もある。これを恐ろしいと思うか、生体システムとは何と柔軟に環境に適応できるものかと感心するかは、聞く者の考え方次第だろうか。

日本と茶

遣唐使が我が国に茶を持ち帰ったのは、八世紀のことと考えられている。この新奇な飲み物はあっという間に普及し、鎌倉期には「闘茶」が流行を見た。これは今でいうワインのテイスティングのように、茶を飲み比べてその産地を当てるというものであった。といっても闘茶は洗練された紳士のたしなみといったものではなく、高価な賞品を賭けた荒くれ武士の大ギャンブル大会というべきものであったようだ。後に室町幕府から禁止令が出たほどに熱狂は高まったというから、ここにもカフェインの精神高揚作用は効いていたのだろう。

温暖湿潤な日本の気候は茶の栽培に適しており、庶民へもかなりの速度で喫茶の習慣が普及していった。室町期からは数々の茶人が出現し、茶道が成立してゆく。静謐な精神性を旨とする茶の湯の道は、鎌倉期の荒くれた「闘茶」とは正反対にも見え、一見同じ茶を服用する文化とは思えない。だが、実のところ熱狂と覚醒は、精神を高揚させるという意味では同じことであり、両者は紙一重なのだ。

いずれにしろ、日本文化の重要な柱である茶道の精神の成立に、カフェインの作用が大きく寄与していることは疑いを容れない。熱狂と覚醒とを促すカフェインの不思議な二面性は、この後世界各国の歴史に大きな影響を与えることになる。

西洋侵入

一方、ヨーロッパ世界がカフェインの洗礼を受けるのはアジアより遥か後、一六世紀に入ってからのこととなる。カフェインの西洋世界侵入の先兵となったのは、茶でもコーヒーでもなくカカオであった。カカオ豆は、原産地であるマヤやアステカの地において、飲料の元としてはもちろん、神秘的なパワーの象徴として宗教儀式にも欠かせない存在であった。カカオの木の学名「Theobroma cacao」は、「神々の食物カカオ」を意味する。

このカカオを西洋に持ち込んだのは、コロンブスであったともアステカの征服者コルテスであったともいわれるが、確証はないようだ。ともかく一六世紀中頃には、スペイン人は苦くどろりとした液体であったココアに、砂糖を加えて甘くして飲む方法を編み出していた。新世界から来た貴重な炭素化合物を組み合わせて生まれたこの飲み物は、権力の象徴としてもてはやされ、一七世紀中頃までにヨーロッパを席巻する。

このココアを固形化した食べ物——すなわちチョコレートが誕生したのは、案外新しく一八四七年のことだ。英国ブリストルで薬局を経営していたジョセフ・フライが、カカオマスにさらにココアバターを加え、固化させたのが始まりとされる。こうして誕生したチョコレートは改良を加えられ、あっという間に世界を制した。

カカオは、カフェインとわずかに構造が異なるだけの化合物テオブロミンを多く含む。その作用はカフェインに比べてやや弱いが、一緒に摂ると効果を相乗的に強めるとされる。またテオブロミンにはホスホジエステラーゼ阻害作用、すなわちかのバイアグラと類似の作用が極めて弱いながらある。さらにカカオはフェネチルアミンという成分を含み、これは脳内で快楽を司るドーパミンの量を増やす。

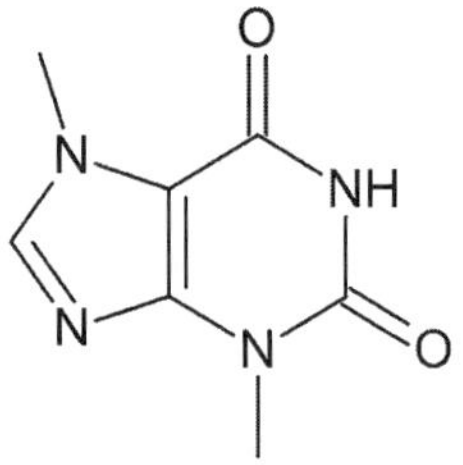

テオブロミン

チョコレートは、これに加えて砂糖・脂肪がたっぷり入った快楽物質の塊であるから、やめられなくなるのも当然といえよう。当初は媚薬としてもてはやされ、現代において愛の告白の際に贈られる菓子の地位を得たのも、これらの性質のおかげかもしれない。

コーヒー登場

茶が極めて古くから人類に親しまれていたのに対し、コーヒーの歴史は思ったほど長くない。原産地であるエチオピア付近では、かなり古くから薬草として用いられていた形跡があるが、飲料としてのコーヒーの記録は、一五世紀になってからようやく登場する。これほど世界で愛されている飲料が、ほんの数百年前まで全く知られていなかったのは、やや不思議なところではある。

これは、生のコーヒー豆にあの香ばしい香りがなく、青臭い匂いしかしないことが原因のひとつだろう。コーヒー豆は、焙煎することによって成分のアミノ酸や多糖類が分解され、初めてあの色と香りが生ずる。

硬いコーヒー豆を煎って粉に挽き、それを熱湯で抽出して飲むという複雑な手順が、どうやって発見されたかはちょっとした謎だ。その起源については様々な伝承があるが、最初にコーヒーをローストしたのは、山火事だったのではないかといわれる。焼けたコーヒー豆が、香ばしい匂いを放っているのが発見され、それを誰かが好奇心でかじっているうちに、その作用に気づいたのだろう。

コーヒーは、まずイスラム世界を征服した。一六世紀初頭にはカイロやメッカといった大都市で、カフェは一般的になっていた。あまりの人気ぶりに、イスラム圏ではその後何度にもわたってコーヒー禁止令が出されている。禁令の根拠は、表向き宗教的なものだったが、恐らくは人々がカフェで口々に政治を批判し、暴動の相談さえされていたことが大きかったであろう。カフェが革命の温床であるという、支配者たちの心配がまんざら杞憂ではなかったことは、この後の歴史が証明している。

一七世紀には、コーヒーがいよいよヨーロッパ上陸を果たす。当初はイスラムの飲み物としてこれを嫌う者も多く、ある聖職者は教皇クレメンス八世にこの真っ黒な飲み物の禁止を願い出る。クレメンスは断を下す前に、一口これを飲んでみた。どうやら彼はこの香りと効能を気に入ったようで、コーヒーに「洗礼」を与え、キリスト教者の飲み物として公認することとした。いったいどのような儀式が執り行われたのか、ぜひ見てみたかったところだ。

とはいえ、強烈な覚醒効果を持ったコーヒーは、拒否反応を引き起こさずにおかなかった。ワインやビールの業者は、強力なライバルの普及を妨げるべく、様々な手段を講じている。中でもコーヒーの最も強力な反対者となったのは、プロイセンのフリードリヒ大王だ。彼はコーヒー輸入による富の流出と、当時の医師が警告した健康被害の問題を恐れ、禁止令、税金、特別警察隊など思いつく限りの手でコーヒーを統制しようとしている。

禁止運動もなくコーヒーを迎え入れた唯一の大国は、オランダであった。当時の高名な医師ボンテクーはコーヒーの効用を熱心に説き、一日少なくとも一〇杯を飲み、それを五〇杯、一〇〇杯、二〇〇杯と増やして行けと指示している。ずいぶん無茶な話だが、実はコーヒーを輸入する東インド会社から、彼は多額の謝礼を受けていたようだ。現代の健康食品などでも、教授や博士の権威と肩書きを利用する広告をよく見かけるが、これは今に始まった話ではないらしい。こうしたキャンペーンの甲斐もあって、コーヒーは徐々に各国に受け入れられ始める。

当時の西欧では、朝食時にも弱いワインやビールが飲まれていたが、コーヒーはこれに取って代わった。頭を冴えさせ、知覚を鋭敏にしてくれるコーヒーは、理性の時代にふさわしい飲料として迎え入れられたのだ。

コーヒーは、ヨーロッパの文化に強い衝撃を与えた。バルザックは濃いコーヒーをがぶ飲みしながら次々と作品を書き、最後にはコーヒーの粉を直接むさぼり食っていた。思想家ヴォルテールもまたコーヒーの熱狂的愛好者で、一日数十杯ものコーヒーを飲用したというから、人によっては致死量になりかねないラインだ。これはもう、立派な薬物中毒者の領域だろう。

バッハの「コーヒー・カンタータ」は、コーヒー好きの娘と、何とかこれをやめさせようとする父親とのやりとりをコミカルに描いた作品だ。主人公リースヒェンは「ああ、コーヒーの味の何と甘いこと！　千のキスよりまだ甘い、マスカットワインよりもっと柔らか」と歌い、やめないと外出もさせないぞと脅す父親に「全然かまわないわ、コーヒーさえくれるならね」と言い放つ。当時のヨーロッパには、このレベルの中毒者がたくさんいたのだ。

かのゲーテもコーヒー中毒者の一人で、何とか摂取量を減らそうとずいぶん努力を払っていたようだ。中年期以降、彼は医学や自然科学にも興味を抱き、コーヒーの作用を解明できないものかと考えていた。ゲーテはある日、知り合った若い化学者ルンゲに、コーヒーの有効成分の抽出をしてみてはどうかと勧める。巨人ゲーテ直々の言葉に発奮したルンゲは、試行錯誤の末に見事カフェインの結晶化に成功し、歴史にその名を残すこととなった。詩人と化学者の出会いがカフェイン発見の契機になったというのは、実に象徴的な出来事であった。

こうして欧州全土を飲み込んだカフェインの大波は、一八世紀のパリで一つの頂点を迎える。

カフェから始まった革命

当時のパリのカフェは、啓蒙思想の拠点であった。ディドロはカフェを事務所代わりに使い、ヴォルテール、ルソーらと共に『百科全書』を編集している。しかしこうした思想の進歩とは裏腹に、王政の歪みは拡大する一方となっていく。カフェは、急進的な演説が行われ、政府打倒のかけ声に溢れる場となっていた。

一七八九年、人民の信頼を得ていた財務長官ネッケルの罷免を機に、人々の怒りはついに爆発する。若き弁護士カミーユ・デムーランがカフェのテーブルに飛び乗り「民衆よ、武器を取れ！」と叫んだのをきっかけに、パリは争乱の巷と化した。二日後、民衆はバスティーユ牢獄を襲撃し、ここにフランス革命が開幕する。

革命の混乱の中から現れた一代の英雄ナポレオンもまたコーヒーを愛した。彼は覚醒効果に着目してコーヒーを軍隊の飲料として初めて正式採用、数々の戦いを勝ち抜いた。世界史の大転換点であるフランス革命はカフェから始まり、コーヒーと共に世界へ広がったのだ。

革命の嵐が去った一九世紀以降、パリにはカフェ文化が花開き、各国から集まった天才たちが議論に火花を散らせた。そのメンバーたるや、ピカソ、シャガール、ヘミングウェイ、ストラヴィンスキーなどなど、本当にこのメンバーが同じ時代に同じ街にいたのかと思うほどの豪華な顔ぶれだ。彼らはこのぶつかり合いをバネに、時代を画するほどの作品を次々と生み出した。これはカフェインの呼んだ、もうひとつの革命といってもよいだろう。

紅茶とイギリス紳士

ヨーロッパがコーヒーを知ったのと同時期、茶もまた中国から上陸した。緑茶が船で熱帯を越えて運ばれる途中、船内の倉庫で発酵して紅茶が誕生した——という有名なエピソードは、どうやら作り話だ。紅茶は摘みたての茶の葉を乾燥させ、揉み込んで完全に発酵させて作る。一旦出来上がった緑茶は、多少暑いくらいで紅茶に化けたりはしない。

ヨーロッパ大陸がコーヒーに熱狂したのに対し、紅茶はイギリスを征服した。コーヒー流行の波が届く前に、茶の一大産地であるインドを植民地化したためであろう。上流階級には優雅な社交術を表現するための道具として、労働者階級には仕事の合間に眠気を防ぐための飲み物として、紅茶は好評を博した。高価で目新しい商品であった紅茶には粗悪品も多く、量を水増しするため動物の糞が混ぜられたことさえあった。レモンやミルク、砂糖を加える習慣は、粗悪な茶の味をごまかすためだったともいわれる。

茶は寒冷な気候では育たず、今に至るまでヨーロッパでの栽培は成功していない。勢い中国からの輸入に頼らざるを得なかったが、これは強大なイギリス経済をも圧迫した。貿易不均衡を埋めるために彼らが採った策は、麻薬であるアヘンを中国に売り込むというものであった。イギリスによる、「新製品」のシステマティックな大量生産、巧みな売り込みぶりは、序章でも述べた通りだ。宮廷から庶民までアヘンに蝕まれ、何とかこれを禁止しようとした清王朝との間に勃発したのが、アヘン戦争に他ならない。

言ってみればアヘン戦争は、カフェインとモルヒネ（アヘンの主成分）という「ドラッグ」の売り込み合いが引き起こした戦争であり、より強力なドラッグを持ち込んだ英国が清を破壊した。「クレオパトラの鼻がもう少し低ければ歴史は変わっていた」という有名な文句があるが、カフェインの構造から炭素が一つ欠けていても、今の世界地図は大幅に違うものになっていたことだろう。

支配者は去り、カフェインは残った

英国における茶は、もうひとつ世界史上の大事件に関わっている。一七七三年、英国本国の徴税制度に憤ったボストン市民は、東インド会社の紅茶を大量に港に投棄するという挙に出る。これが名高いボストン茶会事件で、アメリカ独立の大きなきっかけになった。この件には、英国紳士の愛好する茶を海に投げ捨てることによって、母国からの精神的独立を主張する意味合いも含んでいた。

アメリカ人はこれ以来、紅茶を排してコーヒーを飲むようになり、やがてコーラを発明する。強大な大英帝国の支配からは逃れたものの、カフェインの魅力からは逃れられなかったらしい。

一九七九年には、ホメイニ師の率いる勢力が、アメリカの支援するパーレビ国王を打ち倒し

てイラン革命が成立した。この際にはアメリカ資本の企業も追放を受け、文化の象徴であるコーラが大量に廃棄されている。やがてイラン人は、その工場をそのまま流用して「ザムザムコーラ」を発売、これは「イスラム人のコーラ」として、今や国民的飲料となっている。カフェインという物質は、時代も人種も越えて、人を虜にしてしまう力を持っているようだ。

八〇年代からは、ペプシとコカ・コーラの二大ブランド間に、「コーラ戦争」が勃発した。マイケル・ジャクソン、マドンナ、ホイットニー・ヒューストンら有名スターが起用され、露骨な比較広告、挑発的なキャンペーンが繰り広げられた。両社製品はスペースシャトルにも搭載されるなど、戦場は今や宇宙空間やサイバースペースにまで広がり、激しい商戦はとどまるところを知らず続いている。

近年世界的に流行しているエナジードリンクも、その効果はカフェインによるところが大きく、中にはコーラの五倍以上のカフェインを含むものさえある。今や世界のカフェイン生産量は年間一二万トンにも及び、世界の九〇パーセントの人が日々それを消費している。カフェインがいかに強く求められ、富を生んでいるかの証左だ。

人類は何千万という化合物を見出してきたが、カフェインほど高い効果を持ちながら、人体に害の少ない化合物は、ちょっと他に見当たらない。老人から子供までがこれを楽しみ、前述のように肉体の作りさえカフェインの摂取に合わせて変化してきている。もはやカフェインは社会の一部、経済の一部というレベルを超えて、我々の肉体の一部に組み込まれてしまったといってもよいのではないか。カフェ、コンビニ、自販機など、街にますます増えていく「カフェイン補給所」を見ていると、そんなことを思わずにいられない。

第7章　「天才物質」は存在するか——尿酸

痛みの結晶

天才の存在は、この人間社会における最大の謎の一つだ。卓抜した業績を挙げ、歴史の流れさえ変えてしまう、一握りの傑出した人物たち。凡人と彼らを分けるものは何なのか、天才とは作り出せるものなのか。このテーマは、多くのジャンルの科学者たちを魅了してきた。

その研究の中から、近年天才の出現に大きく関わっていそうな、一つの物質が注目を集めている。その物質の名は、尿酸だ。痛風の原因として厄介者扱いされるばかりで、輝かしい才能とは全く縁のなさそうなこの物質に、なぜ「天才物質」という話が出てきたのか？　それを語る前には、まず痛風という病気について触れておく必要がある。

結晶という言葉は、「ダイヤの結晶」「愛の結晶」など、純粋さ、美しさの象徴として使われる。しかし人体にできる結晶は、たいていろくなことを引き起こさない。腎臓に発生するシュ

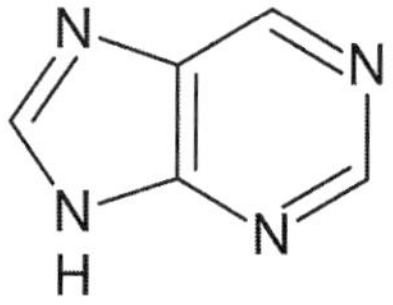

プリン骨格

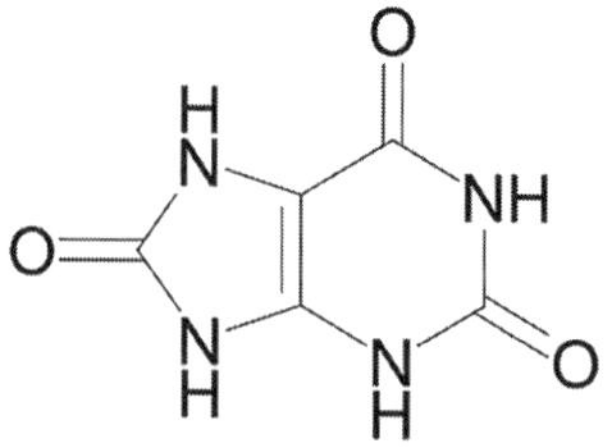

尿酸

ウ酸カルシウムの結晶が腎臓結石だし、コレステロールの結晶が胆嚢や胆管にできれば胆石になる。

　尿酸は水に溶けにくい物質であり、体のあちこちに析出して病気を引き起こす。尿路結石などの原因となる他、関節の隙間にも析出しやすい。この硬い針状結晶が、異物と認識されて炎症を発するのが痛風で、一説には風が吹いただけでも痛むことから名づけられたという。その痛みは骨折以上ともいわれ、発症すると睡眠不足などから大きく生活の質を落としてしまう。

　後述するように、痛風の発症には遺伝的因子、また環境や性格なども大きく影響する。しかし古くから帝王病と呼ばれてきたように、やはり美食は痛風の重要なリスクファクターとなる。食品に含まれる「プリン体」と呼ばれる成分が体内で酸化代謝を受け、尿酸に変化するのだ。悪いことにプリン体は、エビや魚卵、レバーなど美味い食べ物に多く、煮干しや鰹節などは特に多量のプリン体を含む。またビールをはじめとした酒類は、痛風の発症リスクを大きく引き上げる。

　プリン体は、炭素と窒素が図のようにつながった「プリン骨格」を持つ化合物の総称だ（菓子のプリンとは何の関係もない）。ちょっとややこしい構造のようだが、実はあらゆる生物にとって不可欠な役割を担っている。ＤＮＡはアデニン・チミン・グアニン・シトシンの四種の核酸塩基の組み合わせだが、このうちアデニンとグアニンはプリン骨格を持つ。つまり我々の遺伝情報の半分は、プリン体が担っているのだ。

また体内でエネルギー通貨としての働きを持つアデノシン三リン酸（ＡＴＰ）や、メッセンジャーとして働くサイクリックＡＭＰなど、プリン骨格を持つ重要物質は枚挙にいとまがない。一見ややこしい構造のプリン体が、かくも生命に重宝されているのには、それなりの理由がある。そもそもプリン体なくして、生命の誕生はなかったのだ。

青酸から生まれた生命分子

生命の根幹を支える物質は、当然生命の誕生以前から地球上に豊富に存在したはずだ。原始時代の地球には、アンモニアやメタン、二酸化炭素など、せいぜい数個の原子でできた小分子しかなかった。生命を支える複雑な物質が誕生するには、大きな壁を乗り越える必要があった。

プリン体は、地球上に初めて誕生した複雑な物質の一つだ。アンモニアと青酸ガスを混ぜて加熱すると、ＤＮＡの成分であるアデニン（プリン体の一つ）が、かなり効率よく生成する。

実は、これは大きな幸運に支えられたできごとだった。外部から手を加えることなく、単純なものから複雑なものができることは、基本的にない。箱に機械を入れて何度も振ると壊れる

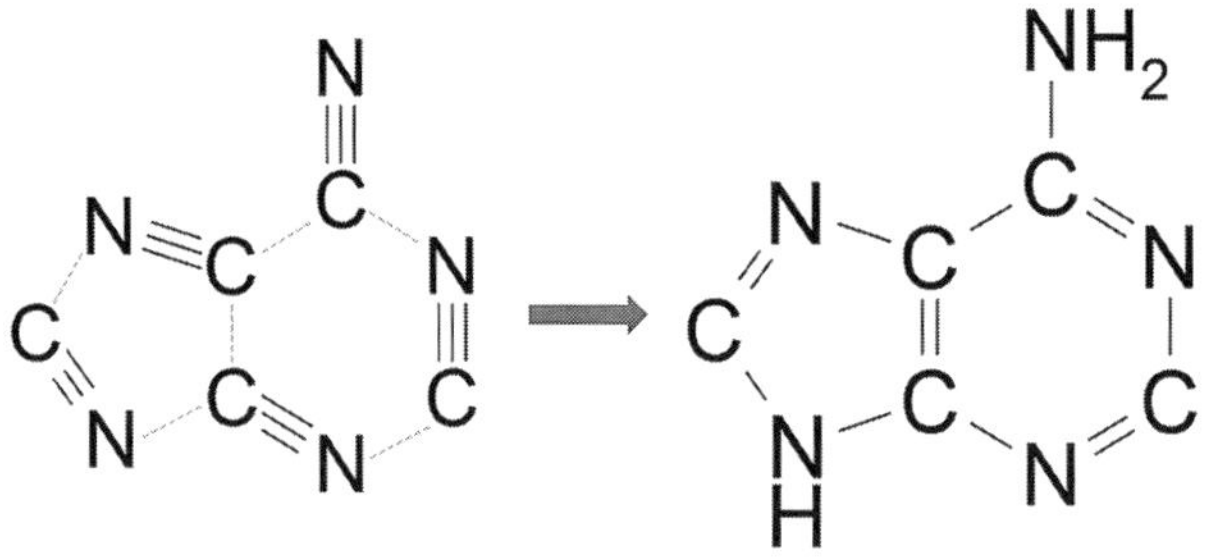

青酸（CN）からアデニン（右）の生成

ことはあるが、箱にネジや歯車を入れて振り回したら勝手に機械が組み上ったという話はない。しかしこの場合はいろいろなことが極めてうまくはまり、青酸ガス五分子が結合してアデニンができあがるという小奇跡が演じられたのだ。

またこれらプリン体は、その構造上他の分子とペアを組みやすく、さらに複雑な構造の構築にぴったりの性質を持つ。情報を保持し、自己増殖を行う分子であるDNAは、プリン体という素材があって初めて誕生し得たといえる。

生命は誕生以来様々なシステムを進化させ、大きく姿を変えてきた。しかし現在我々の細胞一つ一つに収まったDNAやRNAは、四〇億年前に猛毒のガスから生まれ出た最初の生命分子の姿を、今も忠実に受け継いでいるのだ。

白亜紀の痛風患者

かくも重要なプリン体ではあるが、過剰になると処置に困ることになる。通常、余分な物質には酸素原子が取りつけられ、水に溶けやすい形にして体外へ流し出される。ところがプリン体の場合、酸素をつけた尿酸は水に溶けにくく、ガチガチに固まってしまう。こうなった尿酸は痛風のみならず、結石や動脈硬化などの原因にもなるから、寿命にも大きく影響する。

現在知られている最古の痛風患者は人間ではなく、なんと史上最強の恐竜ティラノサウルスといわれる。関節の骨が丸く溶ける痛風独特の症状が見られる個体が、一九九〇年に発見されたのだ。彼らは肉食一辺倒の食生活であったから、痛風持ちもありえないことではない。暴君竜と呼ばれるほどに狂暴であったのは、あるいは関節の痛みに耐えかねてのことであったのだろうか。

痛風がそんなにも昔から存在したのであれば、尿酸を分解できるような機構が進化してもよかったように思える。実は、多くの哺乳類は尿酸を分解する酵素を持っており、彼らに痛風という病気は存在しない。どういうわけか霊長類と鳥類、そして一部の爬虫類だけが、この酵素を進化の過程でどこかに忘れてきてしまったのだ。というわけで鳥も尿酸を貯め込みやすく、彼らの糞の白い部分は尿酸の塊に他ならない。

現在の学説では、恐竜は鳥類に近い生き物であったと考えられている。ティラノサウルスが痛風にかかりやすい体質であっても、何も不思議はない。

痛風に苦しんだ英雄たち

かくして人類は尿酸を分解する機能を失い、痛風という辛い病気のリスクを抱え込んだ。しかし歴史上の痛風患者を見ていくと、驚くほどの偉人揃いであることに気づかされる。

史上最初の著名な痛風患者は、かのアレクサンダー大王であろう。戦場を颯爽と疾駆し、三三歳という若さで世を去った彼のイメージからは、痛風に苦しむ姿はちょっと想像しにくい。しかし大王はかなりの酒豪であり、征服が進むにつれて食事も豪華になっていったと伝えられるから、これが症状を誘発したのだろう。最後に彼の命を奪ったのは熱病（マラリアといわれる）であったが、あるいは激痛を抱えての長い遠征が、まだ若かった彼の体力を殺いでいたのかもしれない。

同じく世界の征服者となった、モンゴルの第五代皇帝フビライ・ハーンもこの病気に苦しんだ。肉食を主としたモンゴル王家には、彼以外にも痛風持ちが多かった。

フビライは、単に征服と殺戮で領土を広げる一方であった、それまでのモンゴルの君主とは大きく異なっていた。漢籍の古典にも通じた知識人だった上、軍人・政治家としても優れ、南宋を討ち滅ぼして空前の世界帝国を出現させた。総合的に見て、フビライは祖父チンギス・ハーンすら超える、世界史上の大英傑であったといえよう。

ユーラシア大陸を制したフビライは、日本への侵攻も企図した。知られている通り、二度にわたる元寇は、折よくやって来た台風によって防がれたとされる。しかし彼はこれで日本侵略を諦めたわけではなく、晩年には三度目の日本侵攻の準備を進めていた。しかしこの間に体調が悪化し、寸前に没している。あるいは日本にとっての三度目の「神風」は、彼の体内に巣くった尿酸の結晶であったのかもしれない。

西洋でこれと似たケースを挙げるなら、一七世紀イギリスの政治家・軍人であったオリヴァー・クロムウェルだろうか。彼は清教徒革命の混乱の中から軍人として頭角を現し、ついには国王チャールズ一世を処刑して独裁政権を樹立するに至る。対外戦争でも勝利を重ね、アイルランド・スコットランドを制圧、スペインやオランダ海軍をも撃破してのけた。

この稀代のカリスマは、五九歳で熱病のためにあえない最期を遂げる。しかしパスカルが著書『パンセ』で「彼の尿管に小さな砂粒がなければ、全キリスト教国を荒らすところであった」と書いているように、クロムウェルの力を真に奪ったのは尿管結石であった。痛風に悩んだ彼のこと、結石は尿酸によるものであった可能性が高い。数ミリ大の尿酸の粒は、ヨーロッパの命運をも大きく変えてしまったのだ。

遺伝的要因と性格的要因

といっても、これら英雄たちが痛風にかかったのは、単に彼らの生活水準が高く、美味いものを食べていたからだろうと思われるかもしれない。しかし、現在でもそうであるように、美食三昧の生活をしていても尿酸値が上がらない人もいるし、普通の食生活をしていても痛風に苦しむ人もいる。

現在の医学では、痛風の発症には遺伝的要因も大きく影響することが知られている。典型的な痛風持ちの家系としては、フィレンツェの富豪一族で、イタリア・ルネサンスをパトロンとして支えた、メディチ家が挙げられる。メディチ家の覇権を確立したコジモ、その息子ピエロ、孫の「豪華王」ロレンツォが、いずれも痛風に苦しんでいる。大富豪のメディチ一族が贅沢な食生活を送っていたのは疑いないが、やはり三代続けての痛風持ちというのは尋常ではなく、尿酸を蓄積しやすい体質が受け継がれた結果だろう。特にフィレンツェの全盛期を演出した傑物ロレンツォにあと十年の命があれば、イタリア史も美術史も、ずいぶん大きく書き換わっていたに違いない。

面白いことにというべきか、ロレンツォがパトロンとなったルネサンスの二大天才、ダ・ヴィンチとミケランジェロもまた、揃って痛風持ちであった。特にミケランジェロは粗食で有名であったから、プリン体の摂りすぎというわけでもなかっただろう。

実は、痛風を発症しやすい性格があることが知られている。せっかちで時間に厳しく、精力的に仕事に打ち込む。意志が強く、最後までやり抜かねば気が済まない。競争心が旺盛で攻撃的、怒りっぽい――といったところが挙げられている。

特にミケランジェロは、これにぴったり当てはまるタイプであったようだ。代表作であるシスティーナ礼拝堂の天井画では、助手一人用いることなくテニスコート三面分の大作を仕上げている。制作に当たった四年半の間、彼は身を反らせて天井を見上げた姿勢で描き続けたために首を痛め、したたり落ちる絵の具で視力を損なうという凄絶な仕事ぶりであった。

しかし自分を彫刻家と自己規定していた彼は、教皇から命じられたこの仕事を大変に嫌がり、一度はローマから逃亡までしている。ようやく契約書にサインした後も、十二使徒を描けという教皇の要望を拒否し、数百人もの人物が登場する一大絵巻に画題を変更してしまった。

六〇代になってから描かれたもう一つの大作「最後の審判」でも、ミケランジェロはその鼻っ柱の強さを存分に発揮して見せた。裸体が多すぎるとクレームをつけてきた教会のお偉方を、蛇に股間を噛まれる地獄の門番として画面に描き込んでしまったのだ。しかしこの無法を教皇は黙認し、絵は無事に完成を見た。ミケランジェロの腕前あればこそでもあろうが、よくぞこれが通ったものだと思ってしまう。

天才物質説の浮上

歴史にその名を刻んでいる痛風患者は、まだこれだけではない。文学者ではダンテ、ゲーテ、スタンダール、モーパッサン、ミルトン、学者ではベーコン、ニュートン、ダーウィン、宗教家ではルター、政治家ではフランクリン、チャーチルといった世界史の巨星たちが、揃って痛風に苦しんでいる。君主でも、フランク王国のカール大帝、フランスのルイ一四世、神聖ローマ帝国のカール五世、イギリスのヘンリー八世、プロイセンのフリードリヒ大王などなど、史上に名を残す傑出した王たちの名が並ぶ。

高い名声を誇った彼らのこと、美食が痛風の引き金になったケースは多かったことだろうが、ここまでスーパースターの名が揃うと、やはり尿酸と才能には何らかの関わりがあるのではないかと思えてくる。

さらに二〇世紀に入り、社長や大学教授に尿酸値が高い人が多いという調査結果が出始める。そこで、知能指数が特別高い人を調べてみると、なんと痛風患者が通常の二〜三倍多いことも判明したのだ。この発見に、学界は色めき立った。尿酸に、知能に関する未知の鍵が隠されているのではないか？

前述のように、ヒトは尿酸を分解する酵素を失い、体内に貯め込むようになった。これにより、痛風のリスクと引き替えに高い知能を手に入れたと考えれば、うまく話がつながってしまうのだ。

また、カフェインの作用も一つの論拠になっている。前項で、カフェインを摂取すると気分がすっきりし、頭が冴えると述べた。構造式を見返していただければわかる通り、カフェインもプリン体の一種であり、かなり尿酸に近い構造をしている。いわば尿酸を水に溶けやすく、体内に吸収しやすくしたのがカフェインだといっていい。とすれば、尿酸値の高い人の頭脳が冴えていても、さほどの不思議はないように思える。

もちろん尿酸天才物質論には、異論も少なくなかった。先ほどの英雄と痛風の議論と同じく、社長や教授に痛風持ちが多いのは、単に生活水準が高く、美味いものを食べているからとも解釈できる。逆に、毎日モツ鍋とビールで晩酌をしている人が、全員天才であるわけもない。

痛風にかかりやすいのは、完全主義でせっかちで、精力的に仕事に打ち込むミケランジェロのようなタイプだと述べた。世界を変えるような仕事をする人には、これらの要素は絶対に必要なことだ。そしてこうした性格の人は、当然ながら強いストレスを抱え込みやすい。このストレスが原因となって尿酸が作られているだけではないのか——つまり因果関係が逆なのではないか、という意見にも説得力がある。

こうして尿酸天才物質説は科学者の間で様々に議論が行われたが、七〇年代になって「いかがわしい科学」の扱いを受け、研究費が下りなくなってしまった。これは、当時盛んであったウーマンリブ運動と関連があるといわれる。尿酸値を測ってみると、男性の方が女性より平均的に高い。そして痛風は圧倒的に男性の病気で、患者の男女比は九九対一にも達する。男性の方が生まれつき知能が高いという結論になってしまうのはけしからん、というわけだ。別に尿酸だけで全てが決まるわけではあるまいにと思うが、ともかくこの研究はいったん表舞台から姿を消すはめになった。

痛風と脳科学

そんな尿酸の研究に再び脚光が当たったのは、九〇年代に入ってからだ。尿酸の存在下では、神経細胞が死ににくくなることが判明したのだ。アルツハイマー症などに見られる通り、脳の神経細胞の死は、直接知能の低下につながる。また尿酸には強い抗酸化作用があり、活性酸素によって重要な体内物質が破壊されるのを防いでくれる。もちろんこれだけで知能の向上を実証できたというにはほど遠いが、とりあえず理論面・現象面両方から、尿酸と知能を結びつける証拠が挙がったわけだ。

とはいえ尿酸が高い知能を生むのか、偉大な仕事に伴うストレスが尿酸を作らせるのか、まだ結論は出ていない。少なくとも、尿酸値の高い人が全て優れた才能の持ち主なわけではない以上、これだけが天才を作る唯一のファクターではないのは確かだ。

もし尿酸が天才を作るのだとしても、優れた才能を長期に渡って保ち続けることは難しい。本稿で列挙した天才たちも、晩年には若い頃の輝きを失っている者が多いのだ。例えばニュートンは、四〇代中盤以降はほとんど科学的業績を挙げておらず、怪しげな錬金術に凝って不毛な四〇年の余生を過ごしている。その他にも、その攻撃性や頑固さから他者と衝突し、不幸な晩年を送っているケースは多い。輝かしい才能と人生の幸福は、必ずしも両立しないもののようだ。

ところで、ここまで列挙した天才たちのリストに、日本人は一人も登場しない。実のところ、長らく我が国では痛風という病気は知られていなかった。明治初期に日本を訪れたドイツ人医師は、「日本には痛風がない」と驚きをもって書き記している。日本で患者がはっきり確認されるのは明治中期になってからであり、患者が増え始めるのは一九六〇年代以降のことだ。

当然、これは肉食をしてこなかった日本人の食生活が大きな原因だ。しかし、ライフスタイルもストレスも欧米並みになった現在でも、日本の痛風発生率は米国の五分の一程度に過ぎない。

これは、尿酸を貯め込んでしまうほどにとことんまで突き詰めて考え、きっちりと細部を詰める人が少ない、日本人の国民性の表れなのかもしれない。和をもって尊しとなす国には、無用な衝突もない代わり、図抜けた天才も現れにくいということだろうか。国家として、個人としてどちらが幸せであるのかは、なかなか難しい問題ではある。

第8章　人類最大の友となった物質――エタノール

バッカスの罠

「酒のない国へ行きたい二日酔い　三日目にはまた帰りたくなる」と狂歌にいう。酒を飲んでいる間、明日の二日酔いということが全く思い浮かばなくなるのは、酒の神バッカスの仕掛けた最大の罠なのかもしれない。であればこそ人類は、ビール、ワイン、ウイスキー、焼酎、バーボン、日本酒、シャンパン等々を、懲りもせずに毎晩胃袋に流し込むのだろう。その量は、ワインなら世界で毎年東京ドーム二一杯、ビールならば一五五杯にも達している。

世界に、酒のない文化圏はほとんどない（後述するが、イスラム圏などでも酒は皆無ではない）。チーズにワイン、フライドポテトにビール、焼肉にマッコリ、そして寿司に日本酒と、各国どこへ行っても必ずその土地の料理にマッチした酒が存在しているのには、全く感心する他ない。北極圏のイヌイットなどは、発酵させる植物がないために自前の酒を持たないが、その分交易などで持ち込まれるウイスキーには目がないのだという。人類がこれほどまでに愛し、その生産に情熱を傾けてきた炭素化合物は、エタノール（エチルアルコール）をおいて他にない。

一方で、これほど迷惑な飲料というのも他には存在しない。ひとたび飲むと皆が大声で怒鳴り合い、喧嘩し、暴力沙汰や交通事故さえ引き起こす。アルコール中毒で身を持ち崩す者も絶えないし、発がん物質としても最高ランクに位置づけられている。神話の八岐大蛇から現代の大臣に至るまで、酒で失敗して身を滅ぼした例は数知れない。

もし、エタノールが今発見された物質であったなら、危険極まりないドラッグとして、厳重に所持と製造が禁止されていたことだろう。

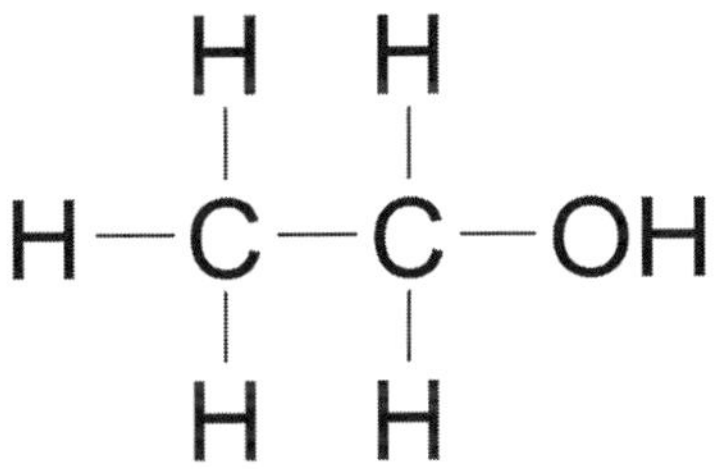

エタノール

人類、酒と出会う

人類と酒との出会いは、発明ではなく発見であったと見られる。サルが木のうろなどに貯めておいた果実が、普遍的に存在する酵母菌によって発酵し、エタノールができることがある。いわゆる「サル酒」で、これを口にした動物が酔っぱらう姿が実際に観察されている。文明発生のはるか以前に、人類もこうして偶然に酒と出会い、酔い心地を体験していたことだろう。

最初に人類が意識して造った酒は、蜂蜜酒であると考えられている。蜂蜜を水で薄めるだけで発酵が起き、簡単に甘い酒が得られるからだ。アルタミラ洞窟の一万五〇〇〇年前の壁画には、蜂蜜採取の様子が描かれており、この時代すでに蜂蜜酒が知られていた可能性が高い。恐らくこれが、人類が自らの意志で欲しい物質（エタノール）を制御して造り出すことに成功した、輝かしい第一歩であっただろう。

酒造りの最も古い記録としては、紀元前四〇〇〇年ごろのメソポタミアで、原始的なビールを飲む人々の壁画が描かれている。麦は発芽の際、蓄積していたデンプンを酵素によって分解し、エネルギーとして使いやすい糖に変える。この麦芽の薄い粥を放置しているうち、入り込んだ酵母が糖を発酵させ、エタノールと炭酸ガスができたのが、ビールの起源と考えられている。

デンプンの項でも述べた通り、人類はその発生以来数百万年にわたって狩猟生活を続けていたが、今から約一万年前に突然農業を開始し、作物を栽培し始めた。これは気候変動が原因とする説が有力だが、もう一つ、農耕を始めたのは麦を確保してビールを造るためだった、とする説もある。

清潔な水が手に入りにくかった時代にあって、いったん煮沸された水で作ったビールは安全な飲み物であり、酵母菌の作るタンパク質やビタミンは重要な栄養源になった。そこに心地よい酔いまで体験できるのだから、当時の人々にとって素晴らしく魅力的な飲料であったことは間違いない。

もちろんビールを飲みたいというだけが、数百万年も続けた狩猟生活を捨てた理由ではあるまい。しかしビールの確保も、農耕・定住生活開始を後押しする要因のひとつにはなったことだろう。人類史のターニングポイントが、酒飲みたちの願望によってもたらされたものだったと考えると、何やらおかしくなってくる。

古代エジプトでもビールは広く飲まれ、文献にも数多くの記録が残っている。ピラミッド建設に当たった労働者たちにも、賃金としてビールが振る舞われていた。明日への活力としてビールを呷る労働者の姿は、数千年も変わっていないわけだ。

といってもこの時代のビールは、我々が知るものとは似ても似つかない、気の抜けたどろどろの液体であったとされる。ホップを加えた苦いビールが普及したのは一五世紀になってから、下面発酵による黄金色のビール（ピルスナー）が生まれたのは、一八四二年のことだ。今の形に至るまでは、長い長い工夫の歴史がある。

ワインもまた、先史時代から人類が付き合ってきた飲み物だ。ブドウの果皮には酵母菌がついており、絞り汁には糖分が豊富だから、放置しておくだけで自然にワインができる。やがて素焼きの壺などを使い、他の雑菌の侵入を防ぎながら醸造を行う技術が発達していく。ローマ時代には、樽を用いた熟成法によって格段に風味の増したワインが造られ、香料や蜂蜜を加えたカクテルさえ楽しまれていた。生産地や製法による細かい等級付けなどもすでに確立されていたというから、もはや現代の感覚と変わりない。あまりにワイン造りが流行し、ブドウ畑が広がり過ぎて穀物畑を圧迫したため、ドミティアヌス帝からブドウ畑半減の命令が出されたほどであった。

我らが日本酒も、ビールやワインと十分に渡り合える奥の深さを持つ。その製法は、デンプンから糖、糖からエタノールへの発酵を一つの槽で行う「並行複発酵」を特徴とし、醸造酒としては世界に類例のない二〇パーセントものエタノール濃度を可能にしている。灰を用いた麹の生産、巧みな温度管理による麹カビと乳酸菌の使い分けなど、日本酒の生産工程は現代科学の目から見ても極めて合理的だ。腐敗を防ぐ操作である「火入れ」は、パスツールによる加熱殺菌法の発見に三〇〇年も先んじたもので、明治時代に訪れたイギリス人科学者を驚嘆させている。酒造りに関する情熱にかけて、日本人は決して西洋文明に引けをとっていない。

酩酊の科学

すでに紹介したカフェインやニコチンを初めとして、人間の精神状態を変えてしまう化合物は少なからず知られている。しかし、エタノールほど簡単な構造で、あれだけ強力な効果を示すものは他に見当たらない。これはひとつには、エタノール分子が脳細胞の細胞膜に浸透してイオンの出入りを狂わせ、正常な情報伝達を妨げるためであるらしい。また、エタノール分子

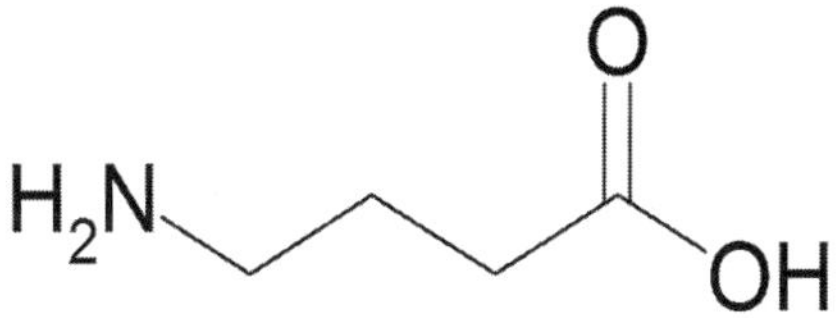

γ-アミノ酪酸（GABA）

は神経伝達物質であるγ-アミノ酪酸（GABA）の受容体に結合し、神経細胞の働きを抑制してしまう。これによって中枢神経系が抑制されるため、足元がふらついたり、ろれつが回らなくなったりといった現象が起きる。

意外にも思えるが、エタノールは興奮性の物質ではなく、いわゆる「ダウナー系」の薬物に属する。酒を飲むと人が変わるという人がいるが、あれは興奮して人格が変わっているのではなく、ふだん見せないでいる本性を隠しおおせる力が弱り、本来の姿が見えてしまうためだ。「酒が人間をダメにするんじゃない。人間はもともとダメだということを教えてくれるものだ」（立川談志）という言葉は、まさに酔いという現象の本質を突いているわけだ。

エタノールに似た物質は数々あるが、このように都合良く人体に作用する物質はない。たとえば構造上エタノールの兄弟分に当たる、メタノール（メチルアルコール）ではこうはいかない。戦後の混乱期には、工業用のメタノールを混ぜた粗悪な「カストリ酒」が出回り、これを飲んだ者が失明したり、悪くすれば命を失ったりという事態が発生した。これは、メタノールが体内で代謝されると、極め

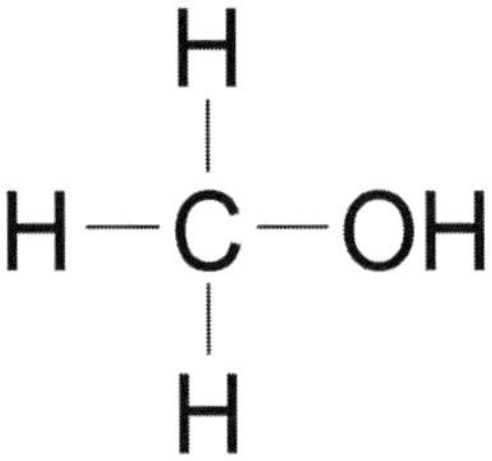

メタノール

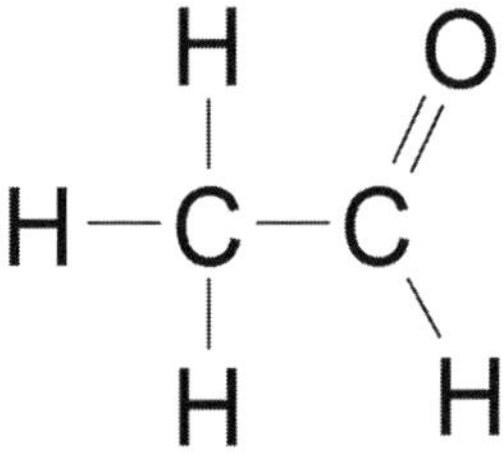

アセトアルデヒド

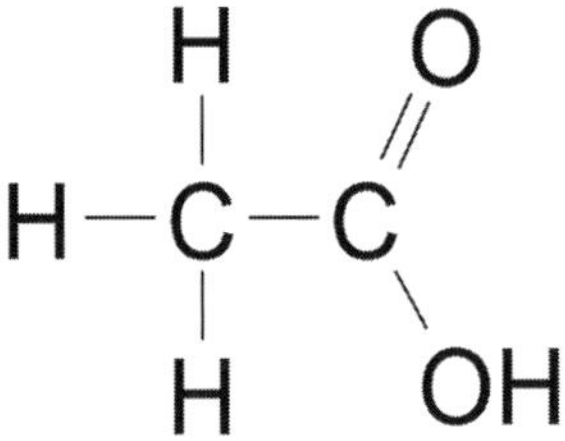

酢酸

て有害なホルムアルデヒドや蟻酸《ぎさん》ができるためだ。

というわけで、エタノールは人間に快楽を与えるように造られたかのような、絶妙の構造を持っているといえる。しかしこれは、果たして神の恩寵なのか、それとも悪魔の企みなのだろうか。

体内に入ったエタノールは、やがて代謝酵素によって有毒なアセトアルデヒドになり、さらに無害な酢酸へと変換される。酒が強い人というのは、要するにこの代謝能力が高く、飲んだ先からエタノールを分解してしまう人たちだ。逆に酒が弱い人は、アセトアルデヒドが処理しきれずに溜まってしまうため、頭痛や嘔吐などの症状が表れる。二日酔いの人が発する饐えたような臭気は、アセトアルデヒドによるものだ。日本人の一割近くはこの代謝酵素をほとんど持たず、こういう人がすなわち下戸となる。

エタノールは、脳内麻薬ともいわれるドーパミンの放出を促すため、酒を飲んでいると憂さを忘れ、良い気分に浸れる。酒が、何千年にもわたって人類の友たりえてきたのは、この作用のためだ。これは何も人間だけのことではないらしく、メスに交尾を拒否され続けた「もてない」ハエは、アルコール入り水溶液を進んで摂取するようになるという。ふられた心の痛みを酒で慰めるオスの心理は、人間から昆虫まで共通のものらしい。

一方で下戸の人は、アセトアルデヒドによる中毒の苦しさが上回るため、酒を飲んでも気分を悪くするだけだ。彼らにとって酒及び酒に飲まれた連中は不快極まりないものであり、酒などこの世からなくなってしまえと思うのも無理はない。

宗教と酒

人の精神や肉体の状態を大きく変えてしまう酒は、超自然的な力を持つものと見なされてきた。日本でも、昔から酒は神に捧げる神聖なものとされてきた。古く神事に用いられていたのは、「口噛《くちが》み酒《さけ》」といわれるものだ。米を口で噛んだものを吐き出して貯めておくと、唾液中の消化酵素の作用によってデンプンが糖に変わる。これを発酵させたものが口噛み酒だ。こうした酒は南米のインカ文明などにも存在したが、いずれも神に仕える汚れなき乙女が、口噛みの作業を担当したという点が共通する。まあ、その気持ちはわからないではない。

キリスト教においても、ワインは極めて重要な位置を占めている。イエスが最初に起こした奇跡は、水瓶の水をワインに変えてみせたことだったし、「最後の晩餐」においてはイエスがワインを自らの血になぞらえた。今も、キリスト教の各儀式においてワインは欠かせない存在だ。こうした位置づけが、その後のワイン文化の発展にどれだけ大きく寄与したかは計り知れない。

一方、仏教では飲酒は五戒のひとつであり、特に修行僧にとっては瞑想の妨げとして禁止されている。ただし、寒さをしのぐためなど何やかやと理由をつけて、多くの宗派で古くから飲酒は行われてきたようだ。

イスラム教では、さらに厳しく飲酒は禁止されている。コーランでも「飲酒はサタンの業」とし、違反者には鞭打ちなどの厳しい刑罰が科された。飲酒が禁じられるようになったきっかけは、ムハンマドの二人の弟子が酒宴の席で流血の騒ぎを起こしたためと伝えられる。酔っ払いの喧嘩は古今数限りないが、そのうち後世に最も大きな影響を与えたのは、この二人の喧嘩であったことだろう。

というのは、これが世界の宗教分布に大きく影響したという説があるからだ。イスラム勢力はたびたび北方へ攻め入り、現在のロシア圏などにも勢力を広げたが、支配者として定着するには至らなかった。これは、あまりに寒い地方では、酒を飲んで体を暖めないととても冬は過ごせないためである、というのだ。赤道付近の暑い地域を主体に広がっている現在のイスラム圏を見ると、このお話も全くの嘘ではないか、とも思える。いずれにしろ、イエスやムハンマドの酒に対する個人的なスタンスが、今の世界の形を大きく変えてしまっているのは事実だろう。

といっても、イスラム圏で全く酒が飲めないかというと、決してそうでもないようだ。歴史的には、アラブ圏にも異教徒の営業する居酒屋が少なからずあったし、宗派や地方によっては、かなり堂々とワインが飲まれていたようだ。今もサウジアラビアなどはかなり厳格であるものの、トルコなど比較的手軽に酒が手に入る国も多い。酒の前でなら、神の教えにも多少の融通は利いてしまうものらしい。

スピリッツの登場

皮肉なことにというべきか、強く美味な酒を造り出す革命的な技術は、イスラム圏から世界に伝播した。蒸留酒の登場がそれで、「アルコール」という言葉自体も「精製物」を意味するアラビア語を語源としている。

いろいろな物質の混合液を加熱すると、揮発しない成分は容器に残り、沸点の低いものから順に蒸発する。この蒸気を集めて冷却すると、純度の高まった液体が得られる。この蒸留の原理自体は古くから知られていたが、アラビアの錬金術師たちはそれをさらに精巧なものとし、数々の新物質を発見した。

今となっては名の知れぬ錬金術師の誰かが、恐らくは好奇心からワインを蒸留器にかけてみたのだろう。沸点の低いエタノールは水よりも先に蒸発し、透明で香りの強い液体が得られた。恐る恐る口に含んでみたら、喉を灼くような刺激が襲い、あっというまに酔いが回った——といったところが、蒸留酒の発見であったと思われる。

酒を蒸留するということは、その精髄を抜き出すことでもあるが、本来の香りや風味などを失わせることでもある。しかし、ここに全く別の風味を付加する方法が見つかり、酒の文化はまたひとつ新たなステージを迎えることになる。樽での長期保存という、単純ながら奥深い手法だ。

麦芽の発酵液を蒸留すると、無色透明、アルコール度数六五度程度の強く荒々しい原酒が得られる。これを樫で作った樽に貯蔵しておくと、硫黄化合物などの不快臭・雑味成分が酸化され、無臭の成分へと変わっていく。さらに大きいのは、木材の成分が少しずつ原酒に溶け出してゆくことだ。こうしてできるのが、ウイスキーに他ならない。

四〇〇リットル樽のウイスキーには、樽由来の成分が一・四〜二キログラムほども溶け込んでいるというから驚く。これら成分がエタノールと結びつき、エステルなど芳香物質に変化する。ウイスキーのあの芳醇な香りと色合いは、実は木材の成分によるところが大きいのだ。いろいろな研究が行われているが、ウイスキーの味わいを作るには、やはり長期間をかけて熟成する以上の方法はないらしい。

蒸留酒の長所は、手っ取り早く酔えるというだけではない。アルコール濃度の低い酒は、細菌の作用で酸っぱくなるなど、劣化が早い。しかし高濃度の蒸留酒は、かなりの悪条件でも長期の保存に耐える。このため大航海時代には、船に積む酒として重宝された。

航海中にまで飲まねばいられないのかとも思うが、狭く長期に渡る船上生活において、ストレス発散のための酒は欠かせないものであった。たとえば、アメリカ建国の先駆けとなったことで有名なメイフラワー号は、本来ハドソン川河口を目的地としていたが、積み込んでいたビールが切れたという理由で手前のプリマスに碇を降ろし、ここがそのままアメリカ最初の植民地となった。アメリカ建国の記念すべき地は、ビール不足によって決まったのだ。

米国を創った酒

すでに述べた通り、新大陸の植民地で行われたのは、サトウキビの大規模栽培だった。その過程では、砂糖を絞り取った後の廃液（糖蜜）が大量にできてくる。糖分があれば酒を造るのはいずこも同じことで、これを発酵・蒸留して新たな酒が生まれた。いわば廃物利用の安酒であったが、これは新大陸の開拓者の間で人気を博し、荒くれ男たちの宴会に欠かせない存在となる。「喧噪」を意味するイギリスの方言「ラムバリオン」（「ルンバ」の語源でもある）から取って「ラム」と名づけられたこの酒は、見る間にアメリカ植民地を代表する酒に成長してゆく。

カリブ海での砂糖生産は、アフリカから運ばれた奴隷によって成り立っていたが、奴隷を下ろした船は糖蜜を積んでニューイングランド植民地に向かい、そこでラム酒を積んでアフリカ大陸へ戻ってゆく。ヨーロッパの覇権を確立させた三角貿易の一角を、ラム酒は支えていたのだ。やがてラム酒は、ニューイングランド植民地からの輸出の八割を占めるまでになる。

やがて植民地開拓が進み、荒野でも育つトウモロコシの栽培が広まると、ここからまた新しい酒が生まれる。いわゆるバーボン・ウイスキーがそれで、内側を焼き焦がした樽で熟成させるため、赤茶色の独特の色合いを持つ。バーボンやラムは、酒好きであった先住民にも大いに好評を博し、西部開拓の際に彼らを懐柔する重要な武器となった。

米国初代大統領ワシントンはウイスキー蒸留所を経営していたし、一六代大統領リンカーンも蒸留所で働き、長じてからはその拡大に大いに貢献した。アメリカは蒸留酒が作った国であるといっても、決して過言ではない。

禁酒法の時代

南北戦争を通してウイスキーは全米に広まり、議会でも公然と酒を飲みながら議論が行われたほどであった。しかし終戦後、その揺り戻しがやってくる。蒸留酒の急速な普及は、アルコール中毒者の増加をもたらし、酒場が売春やギャンブルの温床になるなど、深刻な社会問題になっていたのだ。こうして、禁酒意識は急速に高まっていった。

禁酒運動を支えたのは、夫や家財を酒に奪われた女性たちの力であった。中には酒場に手斧を持って殴り込み、酒瓶や建物を破壊して回る女性さえも現れ、議員も巻き込んで運動は盛り上がってゆく。一八五一年にメイン州が禁酒法案を可決したのを皮切りに、徐々に飲酒を禁ずる州は増えていった。

とどめとなったのは、第一次世界大戦の勃発であった。戦争は米国人の愛国心を煽り、禁欲的な性向を高めた。この機を逃さず提出された合衆国憲法修正第一八条は、一九一九年一月一六日に成立した。米国国内で「酔いをもたらす飲料」の製造・運搬・販売が禁止となった、まさに歴史的な一日であった。しかし皮肉なことに、この時すでに戦争は実質的に終結しており、禁欲の時代は終わろうとしていたのだ。

こうして施行された禁酒法だが、実際には様々な抜け道が残されたザル法に過ぎなかった。ワインや果実酒を各家庭で自製することは認められていたし、法の成立以前に買い溜めしておいた酒を飲むことも可能だった。

飲むなといわれれば飲みたくなるのが酒飲みの常で、法施行以前にはニューヨークの酒場は一万五千軒ほどだったが、禁酒法下では三万五千軒もの地下酒場ができた。密造酒を取り仕切るギャングは莫大な利益を挙げ、かの有名なアル・カポネが暗躍したのもこの時代だ。質の悪いウイスキーが増加したためもあり、アルコール中毒の死者数は三倍に増えたとの統計もある。

一九三三年、ルーズベルト大統領はついに禁酒法撤廃法案にサインし、一四年間の「高貴な実験」は終わりを告げる。大統領の元には最高級のビールが届けられ、二四時間の間に一〇〇万バレルの注文が酒造業者に殺到した。高い理想のもと始まった禁酒法は、ものの見事な失敗に終わったのだ。

エタノール燃料の時代

そのエタノールに、近年新たな注目が集まり始めている。この人類の友というべき物質を、燃料として使おうというものだ。

エタノールをエネルギー源とするというアイディア自体は、何も目新しいものではない。たとえば、フォードが初めて設計した自動車は、エタノールを燃料として用いるものであった。しかしこれは後に、パワーと価格面で勝るガソリンに取って代わられている。

二一世紀に入ってエタノール燃料に再度脚光が当たり始めたきっかけは、地球温暖化問題の顕在化であった。人類は地下から大量の石油を汲み出し、それを燃やすことで得られるエネルギーをフルに活用して、ここまでの文明を築いてきた。しかしそのため大気中の二酸化炭素濃度は上がり続け、これが平均気温の上昇を招いていると指摘された。また中東情勢の不安定化や、中国の石油需要急増などから、原油価格が一挙に上昇したこともエネルギー源シフトへ拍車をかけた。

石油に代わるエネルギー源は、運搬やエンジン構造の制限があるため、液体でなければならない。大量かつ安価に供給でき、人体への害が少ないことも必要だ。そして何より、新たな二酸化炭素を大気中に放散しないことが必要となる。これらの条件を満たす物質として、エタノールに白羽の矢が立ったのだ。

イメージに反するが、植物の体を成す炭素は、ほぼ全てが空気中の二酸化炭素から来ている。何十トンもある巨木でも、大気中に〇・〇四パーセントほどしか含まれない二酸化炭素を集めて、その体を造り上げているのだ。トウモロコシのデンプンも、元は空気中の二酸化炭素だったのだから、ここから作るエタノールを燃やしても大気中に二酸化炭素を増やすことにはならない。地下に眠る炭素源を燃やし、大気中に放散する化石燃料とは異なる。これが、いわゆる

「カーボンニュートラル」と呼ばれる考え方だ。

この燃料は、植物から作られるため「バイオエタノール」と呼ばれることとなった。もっともバイオエタノールは用途が違うだけで、技術的にはトウモロコシからバーボンを作るのと基本的に変わりはない。酒造りも十分に「バイオ」ではあったのだ。

バイオエタノールは米国の国家戦略に組み込まれ、二〇〇六年頃から急速に生産量を伸ばしている。石油価格の高騰は、これに拍車をかけた。これによって穀物価格が急騰するなど、各方面に大きな影響が及び、食料価格上昇などの騒ぎになった。日本のような先進国はまだしも、貧しい途上国にとっては死活問題になりかねない。

しかし、バイオエタノールが本当に地球温暖化抑制に寄与するかというと、これはかなり怪しい。トウモロコシの生産・運搬・発酵などにも多量の燃料を要するし、エタノールから水を完全に分離するには、相当のエネルギーを投じなければならない。かなり好意的に試算したとしても、投入するエネルギーより得られるエネルギーが多くなるかどうか、微妙なラインというのが大方の見方だ。

そもそも、多くの国が食料不足にあえぐ中、先進国の都合でせっかくの穀物を燃やしてしまうことは許されるのか？　そうまでしても、まかなえるエネルギーはごくわずかだ。世界のトウモロコシ生産高は年間八・七億トンほどだから、これを全てエタノールに変えたとしても、三・五億トンが得られるに過ぎない。石油の年間消費量は約四十億トン、しかもエタノールの燃焼エネルギーは石油の三分の二程度だから、全く焼け石に水だ。穀物由来のバイオエタノールというアイディアは、どうにも筋の悪い着想と言わざるを得ない。

こうした批判から、植物の茎などから得られるセルロースを元にエタノールを作る「第二世代バイオエタノール」の研究が進められている。セルロースは、デンプンと同様ブドウ糖が多数連結したものだが、構造の違いによって分解を受けにくい丈夫な繊維状物質となる。このため植物の体を支える構造材となり、毎年一千億トンが新たに作られる。これをエネルギー源として利用しようというものだ。たとえば、毎年廃棄されている稲藁《いなわら》や廃木材などをエタノールにできれば、食料生産と競合しないエタノールが大量に得られることになる。

しかしこれも、現状ではセルロースの分解が難しく、商業化はまだもう少し先になりそうだ。シロアリはセルロースを分解できる細菌を腸内に飼っているので、これを遺伝子操作によって強化し、エタノール製造に使う研究も進んでいる。しかし、もしもその菌が環境中に漏れ出したら、一体何が起こるのか。あらゆる植物が溶かされ、世界が酒の海になってしまうのではないか――そんなB級SFめいた空想も、つい頭をよぎる。

もちろん、エネルギー確保は大きなリスクを伴わずに済まない、何よりも重い事業だ。しかし人類は、ついに食料を燃料に変え、長年の友であったエタノールを燃やし、暮らしを支えてきたセルロースに手をつけるところまで追い込まれつつあるのか、とも思える。今後のエネルギーはどうなっていくのか、次章以降で考えてみたい。

第Ⅲ部　世界を動かしたエネルギー

第9章　王朝を吹き飛ばした物質――ニトロ

エネルギーを握った動物

山の中で、ただ一人で一夜を明かすというのは、非常にものの見方を変えてくれる経験だ。藪のガサリとうごめく音にびくついたり、夜空に輝く星々のあまりの高さに震えるような心持ちになったり――。文明社会から切り離されて過ごす夜は、ふだん万物の霊長などと威張っている人間が、実はいかに弱く頼りない生き物かを、改めて知らしめてくれる。

生物界には、人間の何倍も巨大なもの、パワーのあるもの、足の速いものなどがごろごろといる。人類の一人一人は、実にか弱い生物でしかない。そんな人類が、あらゆる動物を抑えて生物界の頂点に立つことを得たのは、やはり道具や火の使用を覚えたことが大きいだろう。棍棒を持てば、拳で殴るより遥かに大きなダメージを与えられるし、火で森を焼き払えば、素手では到底つかまらないような獣や鳥も、楽々と捕らえることができる。我々は道具や火が持っているエネルギーを使いこなすことで、自分たちの肉体だけでは成し得ないことを、簡単にやってのけられるようになった。

手に入れたエネルギーは、生活の向上にも大いに役立ったが、同時に戦争にも投じられた。かつてせいぜい石を投げるだけであった人類は、文明の発生以降に、弓矢、石弓、投石器といった兵器の技術を急速に発展させた。これら飛び道具の精妙な仕組みを見れば、人間とは同族殺しのためにかくも恐るべき進歩を遂げられるものか、と驚かざるを得ない。

中でも火薬・爆薬の発見は、重要なターニングポイントとなった。その開発以降、兵器の殺傷能力は桁違いとなり、戦場のあり方のみならず、歴史の流れさえ変えるようになっていった。エネルギー編の手始めとして、そんな爆薬の世界史を眺めてみたい。

爆発への衝動

夏の夜空を美しく彩る花火は、いつの世にも変わらぬ人気を誇る。有名な隅田川花火大会は、一七三三年以来の伝統があり、毎年百万人近い人が押し寄せる。花火は、オリンピックなどの大きな祭典にも欠かせない。派手な音響と美しい色彩は、一瞬にして人々を非日常の祝祭空間へと誘い込む。

花火に限らず、爆発というものはなぜか人を強く惹きつけるもののようだ。古いビルの爆破解体の際には多くの見物客が集まるし、ハリウッド映画などは爆発シーンの連続で、爆薬の使用量が宣伝文句に用いられたりもする。祝勝会におけるシャンパンファイトやビールかけ、パーティーの際のクラッカーや爆竹などもこれと近い感覚なのではないだろうか。

花火や爆発がなぜ人気を集めるかといえば、ひとつには「大事に作ったものを一気に破壊する」爽快感によるのだろう。人間は、手間ひまをかけてものを育て上げ、作り上げることにも喜びを覚えるが、時としてそれを一瞬でぶち壊すことにも快楽を感じる。創造と破壊、この矛盾した衝動があればこそ、人類はここまでの文明を築き上げることができた。

爆発への興味は時に、偏執の域に達してしまうこともある。「ユナボマー」の名で知られた連続爆弾テロリスト、セオドア・カジンスキーはその最も有名な例だ。

彼はIQが一六〇以上、二〇歳でハーバード大学を卒業、二五歳でカリフォルニア大学バークレー校の助教授に就任した、文字通りの天才だった。その輝かしい才能とは裏腹に、極めて影の薄い少年であった彼が、愛してやまなかったのが爆弾製作だった。二七歳で大学を突然退職すると、森の掘っ立て小屋にこもってひとり爆弾作りにいそしんだ。彼は手作りの爆弾を大学や空港などに郵便などで送りつけ、封を切った者を爆発に巻き込むという手口を繰り返した。

彼の爆弾は、ねじなど小さな部品に至るまでが手造りで、必要以上に手が込んでいた。何度も解体しては組み直し、表面に丁寧にやすりをかけて仕上げを行なっていた。明らかに彼は、爆弾作りを心から楽しんでいたのだ。

一八年間で一六件の爆弾テロが行われ、三人の犠牲者と二三人の負傷者を出しながら、FB

Ｉは彼の尻尾すら捕まえることができなかった。しかし一九九五年、一六八名が犠牲となったオクラホマシティ連邦政府ビル爆破事件が起きる。自分以外の爆弾魔に世間の注目が集まったことに、彼はプライドをいたく傷つけられた。カジンスキーは全国紙に「産業社会とその未来」というタイトルの犯行声明文を載せることを要求するが、これがきっかけとなって彼は追い詰められ、逮捕されることとなった。爆弾と爆発への偏愛は、最後に自分の身すら滅ぼしたのだ。

火薬の登場

破壊の衝動の最後に行き着く先は、戦争となる。爆薬が最も威力を発揮するのも、いうまでもなく戦場だ。

改めて世界史の年表を見直してみるまでもなく、あらゆる国の歴史は戦争で埋め尽くされている。一説によれば、この三四〇〇年間に世界中で戦争のなかった平和な時代は、わずか二六八年間でしかなかったという。有史以来、人類は文明を作り上げては壊すことを繰り返してきたのだ。

特にこの一〇〇〇年間は、火薬・爆薬を制した者が戦いを制してきた時代だった。その進歩は戦場のあり方だけでなく、我々の日常の暮らしさえも大きく変えてきている。

初期の火炎兵器として有名なのは、七世紀後半に東ローマ帝国のカリニコスが発明した「ギリシアの火」だ。ホースや水鉄砲などで相手に噴射し、火炎放射器のように使われた。水をかけるとかえって燃え広がり、海戦では特に威力を発揮したとされる。

しかし「ギリシアの火」は、国家機密として厳しく秘匿されたため、その製法は現代に伝わっていない。硫黄や生石灰、硝石、石油などを煮て作っていたともいわれるが、確証はない。ともかく、東ローマ帝国は西ローマに比べて千年近くも長く命脈を保つが、そこにギリシアの火が大きく貢献したことは確かだ。

一方中国では、晋の葛洪《かっこう》が、三〇〇年ごろに火薬の原型を記録している。唐代には、その後広く使われる黒色火薬が開発された。木炭と硫黄に硝石を調合したもので、その後世界の火薬兵器のスタンダードとなってゆく。

爆薬の化学

「ギリシアの火」や黒色火薬において鍵を握っていたのは、硝酸カリウム（KNO_3）を主成分とする硝石だ。硝酸カリウムは無機化合物だが、ニトロ基（$-NO_2$）を含んでおり、広い意味でのニトロ化合物に分類される。この化合物は、空気に比べて単位体積あたり三〇〇〇倍以上の酸素を含む。この高密度酸素が可燃性の木炭や硫黄と急速に結びつき、一瞬にして膨大な量の気体を生成する。この膨張速度が音速を超えると衝撃波が発生し、広い範囲を吹き飛ばす。

現代の高性能爆薬ともなると、衝撃波の速度が秒速八〇〇〇メートルにも達する。計算上、いま目の前にあった空気が、爆発の一秒後には八〇〇〇メートルの彼方まで吹き飛んでいることになる。爆薬の威力というものが、いかに凄まじいかわかる。

硝酸カリウムでは、窒素原子に酸素原子が三つ結合しているが、この取り合わせは相性が悪く、互いに離れたがっている。燃焼が起きると、これがずっと相性のよい窒素―窒素、炭素―酸素の結合に組み替わる。この結合エネルギーの差が、爆発の破壊力となる。多くの人命を奪い、歴史の流れさえ大きく振り回してきた爆発の力は、つまるところ目に見えないほど小さな原子同士が、ちぎれてつなぎ変わる力の集成なのだ。

進化する飛び道具

宋代にはさらに、爆薬が飛び道具と結びつくことで、より大きな威力を発揮し始めた。たとえば「霹靂砲」は、火薬を詰めた紙の入れ物に火をつけ、投石器で攻撃するものだ。宋はその歴史を通じて金王朝の南下に苦しめられるが、一一六一年には侵略してきた金軍をこの霹靂砲で見事に撃退している。

宋もまたこの火薬の調合法を秘匿するが、半世紀ほど後には宿敵の金もこの製法を会得、さらに改良を重ねた「震天雷」を編み出す。金はこの兵器を活用し、無敵を誇ったモンゴル騎馬軍団を撃破している。だがモンゴルもすぐに火薬の製法を解明、これがイスラム圏由来の投石器と組み合わされ、金・南宋を滅亡に追い込む主要兵器となった。火薬の調合・装塡技術なども、この間に目に見えて進歩している。新兵器の開発レースは、王朝交代の死命を制したのだ。

一三世紀後半には、日本も爆薬の威力を体験する。元軍が「てつはう」と呼ばれる武器を携え、九州に来襲したのだ。「てつはう」は直径一四センチ、重さ四キロほどもある陶製の球で、爆発すると中に詰められた鉄片が飛び散り、周囲の兵を殺傷するようになっていた。爆薬の炸裂音は、当時の日本人にとっては聞いたこともない大音響であり、「目もくらみ耳もふさがり、東西の別もわからなくなる」ほどであったという。

さらに一四世紀には、銃やロケットの原型も登場した。爆発物を相手に投げつけるのではなく、爆発のエネルギーを利用して砲丸を飛ばし、敵へ向けて射出するという、画期的な発想の転換であった。

系統的な科学研究などというものがなかったこの時代に、この兵器開発の速度は異様とも思える。当然その研究は国家の支援のもと推進されていただろうが、爆薬の開発は大いに危険を伴い、そう簡単ではない。

おそらくは、この時代にもユナボマーのように、爆発の魅力に取り憑かれた人々がいたのだろうと筆者は想像する。意志の力、義務感といったものではなく、ただただそれに異様に惹きつけられて物事に取り組む人間が、画期的イノベーションの陰には必ずいるものだ。その創り出したものが世に歓迎されるものであれば彼は天才発明家と呼ばれ、求められざるものであれば、奇人あるいはマッドサイエンティストの烙印を捺されるのだろう。

古都落城

日本が元軍の侵攻を受ける数十年前、モンゴル軍はヨーロッパにも侵入し、この時に火薬の製法が西洋に伝わったとされる。槍と弓で戦っていた西洋諸国が、軍事革命レースの渦中に投げ込まれた瞬間でもあった。

一三世紀には火縄銃が開発される。これがやがて日本に伝わり、戦国時代の流れを一挙に決する働きをしたことはご存知の通りだ。さらに一四世紀後半には、巨大な石を爆薬の力で発射する装置・大砲がお目見えする。この新兵器が最も効果的に働いたのは、オスマン帝国による、コンスタンティノープル攻防戦だ。

かつて地中海世界の大半を制した東ローマ帝国は、一五世紀にはもはや首都コンスタンティノープルとごくわずかの領土を残すだけとなっていた。一四五二年、オスマン帝国による包囲網が着々と完成しつつあったこの街に、ウルバンと名乗るハンガリー人が現れる。彼は帝都防衛のためにと、自分の設計した大砲を売り込むが、あまりに壮大な彼の話は相手にもされなかった。

そこで彼は、その宿敵であるオスマン帝国スルタン、メフメト二世の下に出向く。難攻不落で知られたコンスタンティノープルの三重城壁を破壊できるという巨砲の設計図を見て、一九歳のスルタンは夢中になる。この瞬間、千年の都コンスタンティノープルの命運は尽きたといっていい。

ウルバンの造り上げた大砲は、長さが八メートル以上、直径が七五センチ、五〇〇キログラム以上ある砲弾を一・六キロメートル先まで射出するという途方もない怪物であった。一目見て気に入ったメフメト二世は、早速この砲の量産を命じる。「マホメッタ」と名づけられたこの大砲は、その射出音だけで近くにいた妊婦を流産させてしまったと伝えられる。

やがて開始された二ヶ月に及ぶ攻城戦で、この古都を一一二三年間にわたって護り続けた城壁は、猛烈な砲撃を受けてボロボロに破壊される。皇帝コンスタンティノス一一世は自ら剣を取って討ち死にし、ここに東ローマ帝国は終焉する。「マホメッタ」は、その圧倒的破壊力をもって古代ローマから続いた文明を滅ぼし、中世という時代に幕を下ろしたのだ。

ウルバンの巨砲は、その後の戦争のあり方にも重大な影響を及ぼした。砲撃に対抗するために城は要塞へと変化し、歩兵戦術なども大きく変わってゆくこととなる。

しかし、この時代を画する兵器を開発した、ウルバンという人物の詳細はわかっていない。コンスタンティノープル包囲戦の最中、自ら造った大砲の自爆に巻き込まれて死んだというから、あるいは本望というべき最期であったのかもしれない。王や将軍、英雄美姫の名は歴史に残っても、真に革命をもたらした技術者の名は、ひっそりと消えてゆくのみだ。

硝石を確保せよ

ここまで爆薬が大量に用いられるようになってくると、その原料の調達が大きな問題になってくる。中国では、原料のひとつである硫黄はほとんど産せず、火山国日本からの輸入に頼っていた。このため硫黄は、銅や金と並ぶ日宋貿易の主要品目であった。現在、日本のハイテク産業を支えるレアメタルの生産の多くが、中国に握られてしまっていることが問題になっているが、かつてはこの立場が全く逆だったのだ。

もうひとつの重要な要素である硝石の調達は、産地が限られていたためにさらに深刻であった。しかしやがて、意外な場所から硝石が得られることがわかってきた。その場所とは、なんとトイレの下の土だ。

糞尿に含まれるアンモニアは、地中の硝化細菌によって酸化され、硝酸イオンに変化する。このためトイレの下の土の煮汁に木灰を加え、じっくりと煮詰めると硝酸カリウムの結晶、すなわち硝石が得られる。このため人間や家畜の糞尿は、当時重要な資源であった。キリスト教の司教の尿からは、高品質の硝石ができるといった迷信もあったようだ。イギリスでは硝石収集専門の役人がおり、とにかく硝石が見つかり次第地面を掘り返し、かき集めて回った。民家の床をはがし、家畜小屋を破壊してでも徹底的に硝石を回収したという。実に迷惑な話だが、そうまでしなければならないほど、硝石の確保は国家存続の要諦となっていたのだ。

一八世紀には、硝石プランテーションの技術が完成する。粘土で固めた溝に、食べ残しや糞尿を積み上げ、太陽光の下で熟成させるというものだ。衛生的には最悪な代物という他ないが、硝石の確保は国家の生命線であり、地域住民の反対を押し切って断行された。一七世紀から一八世紀は、ヨーロッパが絶えず戦火に巻き込まれていた時代であったが、そのもとは糞尿であったわけだ。

やがてインドのガンジス川で、世界最大の硝石鉱床が見つかる、イギリスがインドを植民地化したのは、実はこの硝石が大きな理由であった。歴史を見れば、硝石に限らず、天然資源のあるところに戦乱と過酷な支配はつきものだ。日本が天然資源に恵まれないのは、あるいは幸運なことであったのかもしれないと思える。

ノーベルという男

ここまで、硝石などの調合技術や、生産技術については様々な進歩があったが、爆薬の成分そのものについてはさして変わってはこなかった。しかし一九世紀に入り、物質を純粋に取り出し、加工し、新しく作り出す方法論――すなわち化学を人類が身につけたことで、爆薬の世界は急激な変化に見舞われる。

きっかけは、スイスの化学者シェーンバインの偶然の発見だった。一八四五年のこと、彼は自宅で硝酸と硫酸の混合液を用いた実験をしていた。しかし彼はこの混合液をこぼしてしまい、慌てて手近にあった妻のエプロンでこれを拭き取った。さらにこのエプロンを乾かそうとストーブにかけたところ、突然大音響とともにエプロンが発火し、瞬時に燃え尽きたのだ。現在で

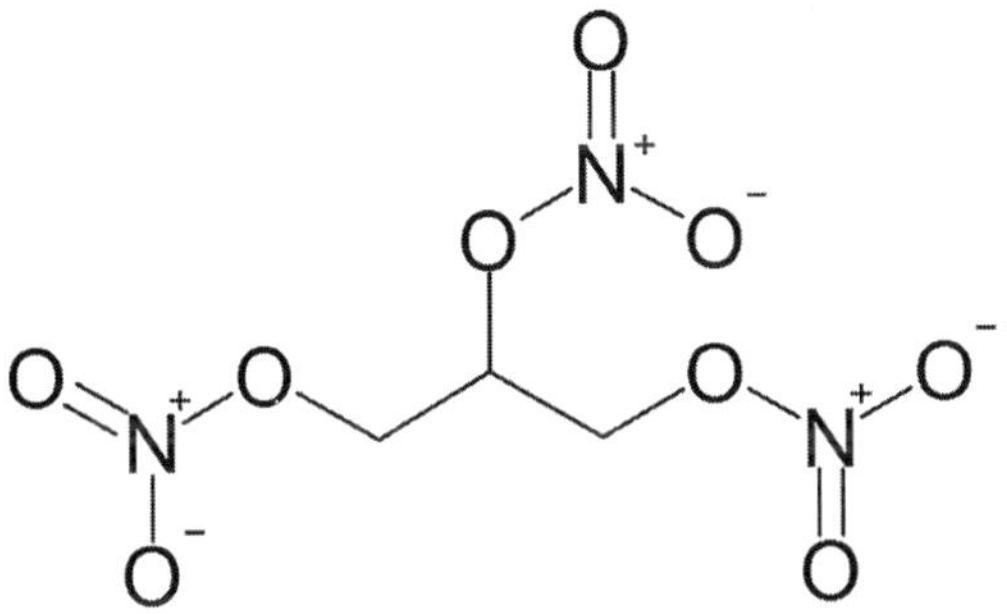

ニトログリセリン

も拳銃の弾薬などに幅広く用いられる、「綿火薬」誕生の瞬間だった。

これは、布の成分であるセルロースに硫酸と硝酸が作用して、多数のニトロ基が結合したものであった。これは無煙火薬として、今でも銃の火薬に用いられる。またここに樟脳を混ぜてやると、自由に成形できる可塑性樹脂になる。これがセルロイドで、かつては日用品などに広く使われていた。しかし近年はその発火性が問題となり、各種プラスチックにその座を譲っている。

綿火薬誕生の二年後には、イタリアの化学者ソブレロが、初めてニトログリセリンを合成する。その破壊力たるや桁外れで、一滴を加熱しただけでフラスコが粉々に破壊されるほどであった。

この強烈な爆発力は、その構造に理由がある。ニトログリセリンは、硝酸が三つ炭素の鎖に縛りつけられた形をとっており、例の不安定な窒素－酸素結合と、燃料である炭素が高密度に閉じ込められている。このため燃焼の連鎖反応が素早く起き、強力な爆発力が生まれるのだ。黒色火薬の爆発が千分の一秒間に六千気圧を生み出すのに対し、ニトログリセリンの爆発は、百万分の一秒で二七万気圧にも達する。

ニトログリセリンの難点は、熱や衝撃に極めて敏感で、扱いづらいことであった。発明者のソブレロ自身、これは爆薬としては使い物にならないと匙を投げている。

このニトログリセリンを実用化する研究に取り組んだのが、かのアルフレッド・ノーベルであった。彼の父は爆発物の製造で成功した人物であり、ノーベルは幼いころから化学の家庭教師を付けられるなど恵まれた環境で成長した。彼自身、幼少期から爆発に興味を持ち、父からその基本原理を学んでいる。

兄弟弟子に当たるソブレロが、ニトログリセリンを開発したと聞いたノーベルは、これに強い興味を示し、その起爆法などについて特許を取得する。しかし一八六四年、悲劇が起きる。彼の工場が爆発し、弟エミールと五人の助手が爆死、本人も大けがを負うという事故が起きたのだ。その後も各地で事故が相次ぎ、ノーベルは強い批判にさらされる。

しかしノーベルは、ニトログリセリン研究から撤退せず、逆にこれを安全に取り扱う方法の研究に没頭する。ニトログリセリンは液体であるために振動に敏感なのであり、これをなんとか固体にできればよい。

そこで、何らかの粉末にニトログリセリンを吸い込ませ、固める手段が考えられた。しかし、粉末はニトログリセリンと化学反応を起こすものではまずいし、わずかでも刺激を与える材質であれば爆発の危険がある。試行錯誤の末にノーベルがたどり着いたのは、珪藻土と呼ばれる目の細かい土だった。ここにニトログリセリンを吸収させるとパテ状になり、衝撃などに全く安定になる。起爆のタイミング、破壊力などを、安全かつ自由に調整できるようになったのだ。この世紀の大発明ダイナマイトによって築かれた巨富が、現在まで続くノーベル賞の賞金の原資となっている。

ダイナマイトは鉱山の採掘などに活躍するが、一方で戦場でも多くの人命を奪い、ノーベルは「死の商人」として悪名を高めることになる。彼の兄が死んだ際には、ノーベルが死んだと誤認した新聞が、「可能な限りの最短時間でかつてないほど大勢の人間を殺害する方法を発見し、富を築いた人物が死亡した」という記事を載せた。ノーベルはこれを見て、深く打ちひしがれたと伝えられる。

ノーベル賞に「平和賞」という部門が設置されていることでもわかる通り、ノーベル自身は熱烈な平和主義者であり、自分の開発したダイナマイトは戦争抑止力になると信じていた。しかし、事故で弟を失い、世の激烈な非難を浴び、現実に戦場で兵士の命を奪っている姿を目にしながら、なお研究に打ち込み続けた姿には、爆発に取り憑かれた男の「業」のようなものを感じずにはいられない。金のため、平和のためというのでなく、爆発という強烈な現象そのものが、どうしても彼を惹きつけて離さなかったのではないかと思える。

ニトログリセリンは、意外な形で人命を救ってもいる。ニトログリセリンが体内で分解されできる一酸化窒素には血管拡張作用があり、狭心症の発作を鎮める治療薬として用いられているのだ。意外なことに、ニトログリセリンは非常に甘い味がするという。皮肉にも、ノーベル自身も晩年に心臓を患い、ニトログリセリンを投与されていたという。何とも、ニトロに取り憑かれた人生であるという他ない。

総力戦の時代へ

ノーベル以降にも、爆発に魅入られた男は後を絶たない。日露戦争では、海軍技師下瀬雅允の開発した「下瀬火薬」がその威力を発揮した。彼は現在の広島市中区鉄砲町に、藩の鉄砲役の息子として生まれたというから、まさに砲弾の申し子というにふさわしい。開校したての工部大学校（東大工学部の前身）で化学を学んだ、いわば日本の化学者の第一世代だ。

下瀬が着目したのは、ピクリン酸という化合物だった。硝酸に似たニトロ基が三つ結合しており、爆薬としては強力であるものの、敏感すぎる上に酸性が強く、砲弾の鉄を腐食してしまうという問題があった。下瀬自身、研究中に爆発で指が動かなくなるほどの大怪我を負っている。そこで下瀬は砲弾内部に漆を塗り、ワックスを隙間に詰めることでこの問題を解決した。下瀬火薬は日本海海戦で威力を発揮、バルチック艦隊の主力の大半を撃沈し、日本の大勝利に大きく貢献することとなった。

下瀬火薬の評価は様々であり、単に他国でも見つけられていたピクリン酸に、自分の名をつけただけという酷評も目にする。しかし、これは技術開発というものを知らない物言いだ。先進国に比べてはるかに劣る実験環境の中、日本で用意できる材料を用い、扱いの難しいピクリン酸を実用化に結びつけた工夫は、高く評価されてしかるべきであろう。

これ以前、海戦で敵艦を沈めるのは体当たりによっており、砲撃で撃沈させた例はこれがほぼ最初のものだった。下瀬火薬は、世界各国が大艦巨砲主義へと走ってゆく、大きなきっかけを作ったといえる。

第一次世界大戦は、それまでの戦争と大きく様相を変えた。輸送力・防御力の向上によって戦いは持久戦となり、弾薬などの消費が圧倒的に増加した。兵員の死亡数はもちろん、海上封鎖や交通網破壊、民間施設の爆撃などが増え、それまでと被害が桁違いになった。どれだけの被害が出ようと、降伏してしまえば莫大な賠償金という地獄が待ち受けている以上、各国は国力の最後の一滴まで傾けて戦う他ない状況に追い込まれたのだ。

第二次世界大戦では、この状況がさらに悪化する。死者は推計五千万人、戦費は合計一兆ドル以上ともいわれ、これは人類史上に起きた他の全ての戦争を合わせたものより大きいとされる。ニトロは、ノーベルが目指した「戦争抑止力」と

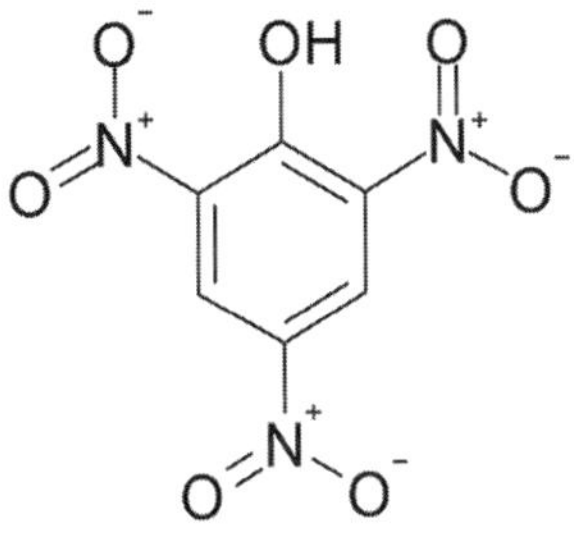

ピクリン酸

しては働かず、国家を総力戦へと引きずり込む役目しか果たさなかったのだ。

大量破壊兵器の王座を核兵器に譲った後も、爆薬の進化は止まっていない。より多くのニトロ基を狭い空間に詰め込むべく、スーパーコンピュータによる分子設計、結晶化法の工夫などが日夜続けられている。

一九九九年には、理論上最強の爆薬といわれる化合物オクタニトロキュバンが、アメリカのフィリップ・イートンによって合成された。不安定な炭素骨格上に、八つものニトロ基が結合した構造を持つ。目を血走らせた男が全身に手榴弾をぶら下げている姿にも似て、化学者なら構造式を見ただけで逃げ出したくなるような代物だ。なぜこんな研究をと思うが、イートン本人にいわせれば「あまりに魅力的な構造で、どうしても自分でやりたいと思ったから」であるらしい。

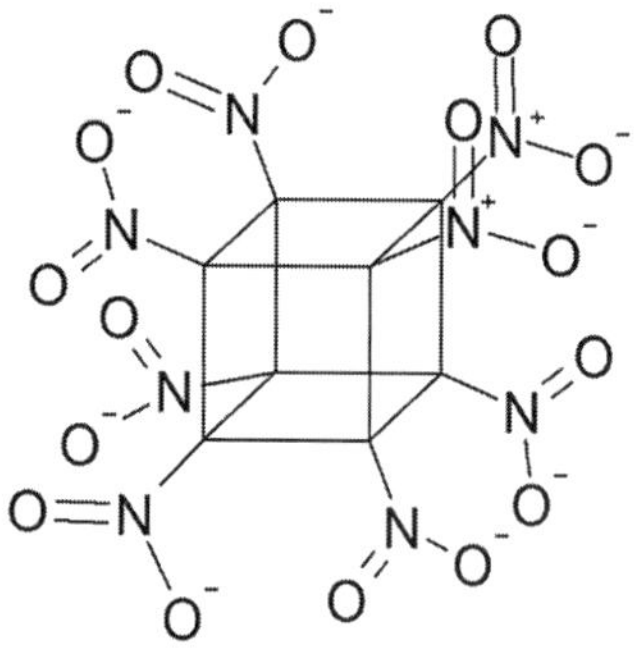
オクタニトロキュバン

無茶な、と思うような話だが、こうして極限に挑んでみたくなるのが、技術者というものの止めがたい性であるらしい。良くも悪くも、歴史を陰で動かす力になってきたのは、こういう精神なのだろう。

第10章　空気から生まれたパンと爆薬──アンモニア

唯一の無機化合物

本書の主役は、何度も述べている通り炭素だ。炭素こそは、生命現象・物質生産・エネルギー利用などあらゆる場所で主役を演じる、最重要元素に他ならない。

とはいえ、炭素だけで世の中が回っているわけではない。周期表で炭素の隣を占める窒素は、重要な脇役だ。窒素は炭素よりひとつ余計に電子を持つが、これがあちこちにちょっかいをかけることによって、様々な化学反応が起きる。たったひとつの電子の差だが、品行方正な炭素とは大違いだ。いわば、炭素は安定性を司り、窒素は変化を引き起こす元素だともいえようか。

また、反応性が高い窒素と酸素が結びついた物質は、時にこの世で最も激しい化学反応──すなわち爆発を起こすことは、前章でも紹介した通りだ。このようなわけで、化合物と歴史の関わりを語る上で、窒素を外すわけにはいかない。そこで本項では、アンモニア（NH_3）の歴

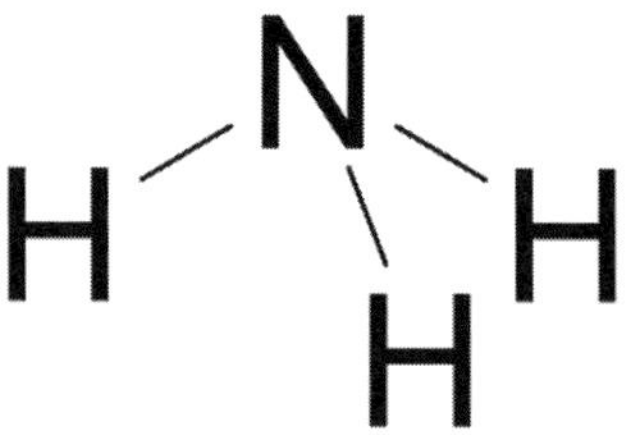

アンモニア

史について語ってみたい。アンモニアは最も基本的な窒素化合物であり、本書で取り上げる唯一の無機化合物でもある。

百年前の元素危機

レアメタル問題が取り沙汰されている。レアメタルとは、携帯電話、ハイブリッドカー、ハードディスクなどのハイテク製品の製造に不可欠だが、天然からわずかにしか得られない金属元素群を指す。磁石に使うネオジムやジスプロシウム、ディスプレイに用いられるインジウム、電池に用いられるリチウムなどが、レアメタルの代表選手だ。日本にはレアメタルに依存した産業が多く、その消費量は世界一だから、これを確保できるか否かは死活問題となる。

しかし主要なレアメタルは、そのほとんどを中国からの輸入に頼っている。このため昨今の領土問題を巡る緊張の中で、レアメタルは政争の具としてクローズアップされることとなった。かつて鄧小平は「中東に石油があるなら、中国にはレアメタルあり」と述べていたというから、すでに二〇年以上も前に現状を見通していたのだろう。その戦略眼には、舌を巻く他ない。

かくもレアメタルが重要視されるのは、それが決して生み出し得ない資源であるからだ。石油、水、木材などの資源は、各種の元素が一定の形に連結したものだ。もとになる元素は炭素・水素などありふれたものなので、これらをうまくつなぎ替え、組み替えれば新たに作り出すことはできる。問題となるのはコストとエネルギーだけだ。

しかし、各種のレアメタルは、それ自身が「元素」だ。元素は文字通りあらゆる物質を作る基本要素であり、新たに作り出すことはできない。鉛から黄金を作り出すのは錬金術師たちが数千年にわたって追い求めた夢だが、これは原理的にかなわぬことなのだ。唯一、原子炉の中で核反応を行えば、ある元素を他の元素へ変換することは可能だが、コストがあまりにかかりすぎる上に、放射性廃棄物が大量にできるので全く現実的でない。「元素は新たに作り出し得ない」という点こそが、レアメタル問題の根幹だといえる。

こうした元素危機は、レアメタルに限ったことではない。ちょうど百年ほど前にも、実際に元素不足によって人類の存続が脅かされた事例があった。その元素こそ、本項で取り上げる窒素だ。

空気の八割を占め、地球上どこにでも存在する窒素が不足したと言われても、にわかには信じがたい。が、現実にその危機は起こり、化学者たちの努力によって回避されたがゆえに、今の人類がある。

窒素を補給せよ

よく、肥えた土、痩せた土という言い方がされる。これは突き詰めれば、植物の成長に必要な、窒素・リン酸・カリウムなどが、土壌中にどれくらい含まれているかだ。特に窒素は植物の体内で、タンパク質・アミノ酸・DNA・葉緑素などの重要化合物に組み込まれ、不可欠な役割を演じる。窒素なくして作物の生育は全く望めないし、動物にも必須の元素だ。

少々ややこしいのだが、「窒素」といった場合二つの意味がある。アンモニアや硝酸、タンパク質などに含まれ、記号Nで表される、元素としての窒素を指す場合がひとつ。そして、その窒素が二つ連結してできた分子（N_2）も「窒素」と呼ばれている。後者は気体であり、我々が呼吸する空気の八割を占めている。本項では、後者を「窒素ガス」と呼称して区別することとする。

厄介なことに、空気中にいくらでもある窒素ガスは、植物を育てる役には立たない。窒素ガスは、窒素原子同士が三重結合で結びついているが、この結合は極めて頑丈であり、引き離すのに巨大なエネルギーを要する。このため、窒素ガスはほとんど他の物質と反応しようとしない。タンス預金が経済の活性化に寄与しないのと同様、化学反応に参加しない物質は、生命にとって存在しないも同然なのだ。

窒素が植物の体内に入って活用されるためには、N_2分子の丈夫な結合を引きはがし、アンモニアや硝酸塩などの形態に変える必要がある。この変換を「窒素固定」と称する。アンモニアといえば、鼻を突くトイレの臭気の元として有名だろう。しかしアンモニアは窒素分子とはまるで異なる高い反応性を示すため、容易に各種有機化合物に取り込まれ、さまざまな生体分子の一部となる。単に臭いだけの嫌われ者ではなく、生命と歴史を支えてきた重要物質なのだ。

この窒素固定反応を行えるものは、自然界にたった二つしかない。一つは稲妻だ。雷のエネルギーは空気中の窒素分子を破壊し、酸素と化合させることができる。そしてもう一つは、マメ科植物の根に付着する、特殊な細菌だ。彼らが持つニトロゲナーゼという酵素は、窒素分子をアンモニアへと変換する力を持つ。

農民たちは昔から、同じ畑で麦やトウモロコシを毎年作るよりも、大豆などと交互に育てる「輪作」を行う方がよいことを、経験的に知っていた。これは、大豆の根につく細菌が、空気中の窒素を固定し、土を肥やすためだ。

しかし人口が増えて作物の増産に迫られると、根粒細菌の供給する窒素程度では立ちゆかなくなる。そこで人類は、アンモニアを含む肥料を畑に投じ、地味を富ませる努力を始めた。たとえば人間や家畜の糞尿が、肥料としての価値を持つことは、経験的に古代から知られていた。日本でも中国でも、こうした「肥やし」は貴重品であり、その売買は重要産業となっていた。

江戸時代には、「干鰯《ほしか》」が肥料としてもてはやされた。干した鰯は、窒素を含む各種タンパク質、リン酸などが豊富に含まれ、格好の肥料となる。これを綿花や菜種の根元に一本ずつ挿しておくと、生産量が格段に上がるのだ。その即効性は農家にとって何者にも代え難い魅力であり、需要は急速に高まった。近海の鰯を獲り尽くした後には、その漁場は四国・九州から蝦夷地にまで拡大していく。

司馬遼太郎の小説『菜の花の沖』の主人公・高田屋嘉兵衛も、こうした肥料取引で成長した商人の一人だ。嘉兵衛は箱館の街（現在の函館市）を整備し、択捉・国後島にまで進出した後、ロシア船に拿捕されるなど波乱の生涯を送っている。肥料に対する需要が、間接的に北海道の開拓や国際紛争にまでつながってゆくのだから、歴史というものは恐ろしくも面白い。

グアノの島

一九世紀ごろから、欧米でも肥料の需要が拡大する。人口は増え続けていたし、特に彼らの主食である小麦は、多量の窒素を必要とする。この時代にクローズアップされたのは、ペルーの沖に浮かぶ小島、チンチャ諸島であった。

この島は、何万年にもわたって海鳥の糞や死骸が積み重ねられてできた、「グアノ」で覆われていた。グアノは尿素とアンモニアを豊富に含み、リン酸塩も多いから、まさに理想の肥料といえるものであった。

当時の農業雑誌には、「賢者の石、不老長寿の薬、永久機関などがもし発見されたら、それは農業におけるグアノの使用に匹敵する」とさえ書かれている。痩せた畑を甦らせ、豊かな実りを約束する、それはまさに魔法の粉と呼ぶにふさわしいものであった。

グアノは各国で引っ張りだことなり、欧米各国がその確保に躍起になった。ペルー政府はこれによって巨額の利益を確保し、一八五九年にはグアノによる収入が国家予算の四分の三を占めるに至った。鳥の糞が一国を養ったのだから、何とも奇妙な話だ。

一八六三年には、チンチャ諸島をめぐってついに戦争さえ勃発する。スペインの司令長官が、グアノを狙って強引にこの島を占領したのだ。これに、かつてスペインの植民地であったペルーとチリが宣戦布告、司令長官を自殺に追い込んで島を奪還した。

しかしこのころ、ついにグアノは底をつき始める。海鳥たちが数千年、数万年かけて蓄積したグアノを、人間はわずか二〇年で使い切ってしまったのだ。

グアノ確保の必要に迫られたアメリカは、一八五六年に「グアノ島法」を成立させる。これは、アメリカ市民なら誰でも、グアノのある島を新しく発見次第、領有権を主張してアメリカの領土にしてしまえるという、実に乱暴な法律であった。実際にウェーク島やミッドウェー島といった太平洋の島々が、この法律によって米領に組み込まれている。これらはやがて軍事拠点として整備され、太平洋戦争の運命を分ける分岐点ともなった。

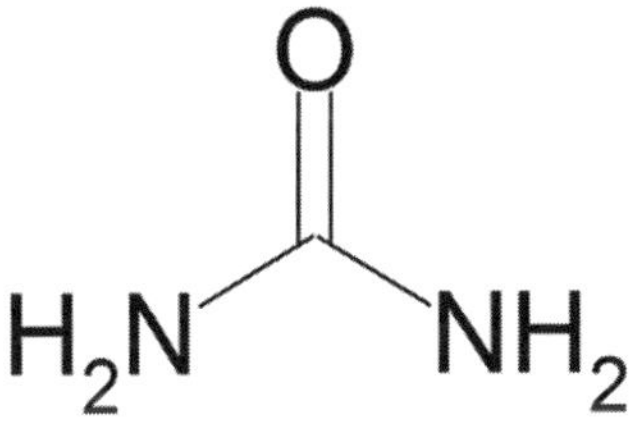
尿素

硝石の時代

地上最強の肥料であったチンチャ諸島のグアノが尽きた後、注目されたのは南米のアタカマ砂漠に産する硝石であった。ここは世界で最も乾燥した土地ともいわれ、四〇年間雨が一滴も降らなかった場所さえある。このため、普通なら雨水に溶けて流れ去ってしまうような物質が、この地には豊富に堆積している。硝酸ナトリウム（$NaNO_3$）もそのひとつだ。地上に存在する硝酸ナトリウムは、ほとんどがこの地に集中しているともいわれる。そしてこの物質もアンモニアと同様に窒素を含んでおり、肥料として有力なものであった。

さらにこの硝酸ナトリウムは、前章で述べた通り爆薬の原料にもなりうる。ニトログリセリンやTNT（トリニトロトルエン）などの高性能爆薬も、みなこの硝酸化合物から合成される。欧米列強が急速に帝国主義へと傾いていくこの時代、食料・弾薬の増産は各国の最優先課題であり、南米の硝石は一挙に時代の寵児の座へ躍り出たのだ。

この硝石という天然資源により、またもやペルーは巨大な富を得るが、やがてこの土地を巡ってボリビアやチリとの間に紛争が勃発する。一八七九年から五年に及んだこの「硝石戦争」に、全面的な勝利を収めたのはチリだった。チリはアタカマ砂漠の全域を確保し、以後ここに産する硝石は「チリ硝石」の名で呼ばれるようになる。いつの世も、資源のあるところに争いが起き、強い者がそれを奪っていく図式に変わりはない。ともかく、それから二〇年の間はチリ硝石が世界を制し、一九〇〇年には地球上の肥料の三分の二を占めるまでになる。南米の乾ききった砂漠が、世界の食料を支えていたのだ。

が、アタカマ砂漠に広がる膨大な硝石さえ、決して無限ではない。チンチャ諸島のグアノ同様、いずれ枯渇の時が来るのは誰の目にも明らかであった。そんな未来から目を背けるかのように、硝石は砂漠から急ピッチで掘り出され、精製所は建設され続けていた。

クルックスの予言

一九世紀も終わりに近づいたころ、一人のイギリス人科学者の演説が、突如として世界を論争の渦へと巻き込むこととなった。彼の名はサー・ウィリアム・クルックス。タリウムの発見、陰極線（電子線）の発見が有名だが、都市の排水、ダイヤモンドの起源、果ては降霊術の研究にまで手を広げた、この時代の万能科学者であった。彼が件の演説をしたのは一八九八年、イギリス科学アカデミー会長就任の際であった。この晴れがましい席で、彼はいきなり「このまま行けば、あと三〇年で多くの文明国家が飢餓に見舞われる」と語り始め、聴衆を唖然とさせた。

彼の論旨は明快であった。世界の人口は増え続けているが、一人当たりの食料生産高は減り始めていたのだ。人口の急増をもたらしたのは、一八世紀に起きた産業革命であった。世界の人口は、二百万年かけて一七五〇年に八億人に達したが、それからわずか一五〇年で倍の一六億人に増えている。しかし開墾可能な耕地には限りがあり、食料生産は今後の人口増加に見合うほど伸びる余地はなかった。

すでに一七九八年、トマス・マルサスはその主著『人口論』で、このことを理論的に指摘していた。要するに、人間の数は掛け算のペースで増えていくが、食料生産は足し算のペースでしか増やせない。である以上、どこかで破綻が来ることは避けられないというのが、マルサスの主張であった。

クルックスは、まさにその時が目前に迫りつつあると語った。彼の計算によれば、鍵となる因子は窒素肥料の量だ。あと三〇年ほどして、現在世界の農地を潤しているチリ硝石が尽きれば、人類を養うだけの食料はもはや生産できなくなる、と彼は述べた。

それだけでなく、彼はその解決策をも示した。地球上には、使われていない窒素が無尽蔵にある。言うまでもなく、我々が吸っている空気の成分だ。この窒素ガスを分解し、利用可能な形態に変換する——すなわち人工窒素固定を実現することが、唯一の人類存続の道だ、と彼は説いたのだ。

この衝撃的な主張は、ちょうど現代の地球温暖化問題のように、各方面からの巨大な反響と議論を呼び起こすこととなった。いつの世にもいたように、現実の数字から目をそらし、硝石はまだある、食料危機は来ないと叫ぶ者もいた。しかし、チリの硝石が尽きないなどということは、もちろんありえない。このまま行けば、早ければ一九二〇年代、遅くとも一九四〇年に、人類は大飢餓時代を迎えることになる。人類の行く手に待ち受ける陥穽を切り抜ける仕事は、化学者たちに託されたのだ。

ハーバー登場

当時、世界で最も化学が盛んな地はドイツであった。クルックスの呼びかけに応え、ヴァルター・ネルンスト、ヴィルヘルム・オストヴァルトなど、後にノーベル賞を獲得することになる大物化学者たちが、さっそく人工窒素固定という難題に挑み始めた。

当初考えられた人工窒素固定法は、雷に倣って放電を用いるものだった。確かにこの方法で窒素は硝酸に変わるのだが、大きな欠点があった。ひとつは、電気を大量に食うこと。当時の電気は、今よりずっと高価についた。そしてもうひとつは、生成する硝酸の腐食性が強く、容器を食い破ってしまうことだ。となれば、窒素を水素と結合させて、腐食性の低いアンモニアに変える方が得策と考えられた。

ここで名乗りを挙げたのが、フリッツ・ハーバーであった。ユダヤ人の家系に生まれ、一九〇六年に三七歳でカールスルーエ大学の正教授に昇格したばかりだった。当時としてはかなり遅い出世で、おそらくは人種差別の影響もあったのだろう。だが才気とエネルギーに溢れたハーバーは、寝食を忘れて人工窒素固定という大問題に取り組んでゆく。

アンモニア合成には、三つの要素が必要であった。まず窒素分子の結合を破壊するために、高熱をかけなければならない。そしてもうひとつ、高い圧力も必要となる。一体積の窒素（N_2）と三体積の水素（H_2）が反応することで二体積のアンモニア（NH_3）ができるから、反応の前後で体積は半分に減ることになる。つまり反応を高い圧力で行えば、体積を減らそうとする力が働き、アンモニアができやすくなるのだ。

最後の要素は、「触媒」と呼ばれるものだ。触媒は、新郎と新婦を引き合わせる媒酌人のように、化学反応を促進するけれど、自分自身は変化を受けない物質のことだ。ハーバーは化学企業BASFと手を組み、精力的に触媒となる化合物を探し求めた。当初見つかったのはオスミウムという高価な金属だったが、やがて鉄を基本とした数種の金属酸化物の混合物がベストという結論に至った。このために、彼らは二万回以上の実験を繰り返したといわれる。

高圧という条件は、さらに難題であった。当時の技術では、七気圧程度に耐える小規模な装置が関の山だったが、求められているのは二〇〇気圧に耐えうる巨大な化学プラントであった。このあまりに法外な要求に誰もが匙を投げる中、一人の男が敢然とこの課題に挑む。冶金・装置設計に長けた天才技術者にして、後に巨大化学コンツェルンIG《イーゲー》ファルベンの創始者となる、カール・ボッシュであった。

ボッシュは、一気に問題解決を図る大発明を狙うのではなく、小さな工夫を積み重ねるアプローチを採った。反応容器に特殊な合金を採用し、試行錯誤してバルブの形状を決め、独自にコンプレッサーを設計した。装置の爆発事故さえ何度も経験しながら、ついに一九一三年、アンモニア合成プラントが動き始める。彼らが設計したその機械は、一時間に数トンのアンモニアを世に送り出した。クルックスの予言からわずか一五年で、人類は実質無限の固定窒素を手に入れたのだ。

このハーバー＝ボッシュ法は、化学工業史上最高の成功例といわれる。現在世界各地に存在するアンモニア合成プラントは、今では我々の食料に含まれる窒素の三分の一を供給している。言い換えれば、ハーバー＝ボッシュ法による窒素生産がなければ、世界で二〇億人以上が飢えて死ぬという計算になる。

この功績で、ハーバーは一九一八年に、ボッシュは一九三一年に、それぞれノーベル化学賞を受賞している。一つの業績に二度ノーベル賞が出た例を、筆者はこれ以外に知らない。それに見合う成果であることは、誰もが認めるところだろう。

わずか数年という短期間で、これだけ巨大な難題が解決されたのは、人類史上の奇跡に数えてよいと思われる。その功績は、ハーバーとボッシュのみに帰されるべきものではない。先駆的な研究を行なったオストヴァルト、理論的検証を行なったネルンスト、機械設計と化学両面から貢献したル・ロシニョール、触媒の検討を精力的に行なったミタッシュなど、多くの優れた才能がここに貢献している。

人工窒素固定は、当時のドイツという世界最高峰の科学者が切磋琢磨する「場」、ハーバーの卓越したリーダーシップ、人類を救うという明快かつ重大な目標、BASFと国が提供する万全の資金的バックアップ――こうした要素が集結することでしか、成し得ない奇跡であったのではと思える。およそ大きなイノベーションというのは、こうしたものなのだろう。ぶつかり合い、触発し合いながら研究に取り組んだ当人たちにとっても、夢のような日々であったに違いない。

硝煙の時代

ハーバー＝ボッシュ法は、世界に潤沢な食料をもたらした。それまでもてはやされたチリ硝石は省みられなくなり、その生産施設はやがて放棄された。その一部は遺跡と化し、現在は世界遺産に指定されている。ハーバーの名は、「空気からパンを作った男」として世界に鳴り響くこととなった。

しかしこのころ、ヨーロッパは不穏な空気に包まれようとしていた。そして一九一四年六月サラエヴォでオーストリア皇太子が暗殺されたのをきっかけに、世界はかつてない規模の大戦争に巻き込まれてゆく。ハーバーの母国ドイツもまた、この第一次世界大戦に参戦する。

ハーバー＝ボッシュ法は、ここでも大いにその威力を発揮した。この方法で生産されるアンモニアは、酸化すれば弾薬に不可欠な硝酸に変えることができる。ドイツが海上封鎖を受けて硝石の輸入が断たれた後も、この方法で砲弾はいくらでも製造できた。ドイツは空気から無限に爆薬を造り出してくる――この情報ほど、連合国を震え上がらせたものはなかった。

熱烈な愛国者であったハーバーは、別の手段でも戦争に貢献する。彼は塩素、イペリット、ホスゲン、ツィクロンBといった毒ガスを開発し、戦場でその使用法を指揮することまでしたのだ。ハーバーの妻クララは、この非人道的な行為に抗議して自ら命を絶つが、彼はそれでも毒ガス開発から手を引くことはなかった。

かくも盲目的なまでに、ハーバーを突き動かしたものは何だったのだろうか。『毒ガス開発の父ハーバー～愛国心を裏切られた科学者』（朝日選書）の著者・宮田親平氏は「彼がユダヤ人であることと関係はないだろうか」とし、「それゆえに彼はもっとドイツ人になり切ろうとした」と述べている。筆者もこの見解に賛成だ。

ともかく、こうまでして彼が全てを捧げたドイツは、一九一八年一一月に休戦協定に署名し、屈辱の敗北を喫した。敗戦の混乱の中で皇帝は退位し、やがてナチスが台頭してくる。国家を愛し抜き、そのために大量殺戮にさえ手を染めたハーバーは、そのユダヤの血ゆえにナチスによって国外追放の憂き目に遭い、二度と祖国の地を踏むことはなかった。彼の開発した毒ガスはアウシュヴィッツの強制収容所で用いられ、彼の親族を含む六〇〇万人のユダヤ人の命を奪うこととなる。その正負両面にわたる巨大な業績と、あまりに複雑な生涯とを総括する言葉は、筆者にはとうてい見つけられそうにない。

ハーバーの遺産は今

ハーバーとボッシュの生み出したプラントは、基本的にほぼ同じシステムのまま今も世界中で稼働し、空気を肥料に変え続けている。人類が飢餓に直面することなく、それどころか豊かな食生活を楽しみながら七〇億人に達したのは、ひとえにハーバー＝ボッシュ法のおかげだ。

しかし、あまりに巨大になり過ぎたシステムは、弊害を呼ぶようになってきた。ひとつは、エネルギー消費の問題だ。高温高圧の下で反応を行わねばならないハーバー＝ボッシュ法は、恐ろしくエネルギーを食うプロセスなのだ。もうひとつの原料となる水素の製造にも、高いエネルギーを要する。このため、現在、人類が消費するエネルギーの数パーセントがこのために振り向けられており、それに伴って膨大な二酸化炭素が放出されている。

現在、常温常圧で窒素固定を行う方法の研究が進んではいるが、実用化はまだ先のこととなりそうだ。日本は今のところこの分野の研究で先行しているが、ことの重大さに比べて注目度は低い。もちろん、たとえばｉＰＳ細胞の研究なども重要だろうが、窒素固定はそれよりも優先して推進すべき課題ではないかと筆者は思う。いくら医療が進もうとも、エネルギーと食料がなければ人は生きられないのだ。

だが、あまり窒素固定を無条件に推進するわけにもいかない事情もある。ハーバー＝ボッシュ法によって固定された窒素は、肥料として畑に撒かれるが、その大部分は植物に吸収されず、土壌に残留する。これが河川を経て海へ流れ込むことで海水が富栄養化し、赤潮などを招いていると考えられているのだ。また固定窒素の一部は大気中へ入り、各種窒素酸化物として大気汚染や酸性雨の原因ともなる。一酸化窒素などは温室効果も大きく、地球温暖化への関与も懸念される。固定された窒素を元の窒素ガスに戻すような、新たな窒素サイクルを構築することも、今後検討しなくてはならないだろう。

終わらない元素危機

窒素不足というクルックスの予言は回避されたが、もうひとつ別の元素危機も迫りつつある。窒素と並ぶ肥料の三要素のひとつ、リンだ。この元素はＤＮＡやＲＮＡの合成に不可欠であり、植物が成長するためには必須の元素だ。

太平洋のほぼ赤道直下に浮かぶ島国ナウルは、国土がまるごとリン酸質の鉱石で出来ているといってもよい国であった。リン鉱石の輸出によって国は大いに潤い、国民には働かずとも一定の金額が支給され、無税金、医療費や電気代も無料という、まさに夢のような国家であった。しかし二一世紀に入ってこのリン鉱石が枯渇、ナウルの経済はあっという間に崩壊した。このため暴動が発生して外国との連絡が絶たれ、一時は国ごと音信不通になるという、前代未聞の事態さえ起きている。

このままのペースでリン需要の増加が続けば、経済的に採掘可能なリン鉱石が地球から枯渇するのは、二〇六〇年頃になるとされている。バイオ燃料の生産拡大などの要因もあるから、リン需要の先行きは予断を許さない。レアメタルの例を見てもわかる通り、資源争奪戦はその資源が完全に枯渇するかなり前に起こるから、時間は思ったほど残されていない。すでに二〇〇八年、リン鉱石の産地である四川省が大地震に見舞われて価格が暴騰し、世界の農業が打撃を受けるという事態も起きている。

リンは、窒素のように空気から取り出すようなわけにもゆかず、回収も難しい。工業製品に使う元素ならば、他のもので代替したり、使用量を削減したりと工夫の余地があるが、肥料に使うリンについてはそれも難しい。窒素の場合よりも、問題の根は深いのだ。

もちろん、枯渇に近づく資源はリンだけではない。各種金属、あるいは水にさえも、危機は迫りつつある。二一世紀は、増え続ける人口と減り続ける資源の間で、人類が際どく綱渡りを続ける時代にならざるを得ない。

こうした時代を迎えるに当たり、窒素固定の事例は大いに参考すべきものだ。クルックスの先見性、ハーバーやボッシュの問題解決能力が、数多くの分野で必要となるであろう。目先の繁栄に酔うあまりに、分かり切っていた破綻を避けられなかったナウルの人々を笑う資格は、果たして我々にはあるのだろうか。

第11章　史上最強のエネルギー——石油

石炭と石油

前章までに述べた通り、我々の文明は新たなエネルギー源を手に入れるたびに、飛躍的に向上してきた。牛や馬といった家畜の力は、新たな土地の開墾を大いに助けたし、風力を利用した帆船は、人類の行動範囲をそれまでと桁違いに広げ、大航海時代をもたらした。

中でも人類の勢力拡大に役立ったのは、火のエネルギーだった。かがり火を焚くことで、人類は暗い夜を安心して過ごし、寒い土地にも住めるようになった。人間と動物を分けるものとして、言葉や道具の使用がよく挙げられるが、実はこれらは動物にも広く見られることがわかってきている。たとえばチンパンジーに手話を教えると、憎まれ口や嘘までつくようになるし、貨幣経済を教えると、売春や強盗行為まで発生するという。しかし火だけは、人間以外の動物が使った例は知られていない。武器にも調理にも道具の製作にも役立つ、炎という万能のエネルギーなくして人類の成功はありえなかった。

燃料として最初に広く用いられたのは、当然木材であった。木の主成分は、セルロースとリグニンという炭素化合物だ。物が燃えるという現象は、原子同士の結合の組み替えによって起こる。炭素同士の結合や、炭素－水素の結合が破壊され、代わりに空気中の酸素と結びつくことで、その結合エネルギーの差分が熱や光として放出される。セルロースは最初からたくさんの酸素を含んでいるために、燃焼した時のエネルギーは比較的低い。しかし何しろ手に入りやすい燃料であるため、初期から人類の文明を支えてきた。

しかし、エネルギーを得るために何かを燃やせば、副作用のように何らかの害が出る。たとえば古代ギリシアは三千年も前に、森林伐採による水不足と農地の荒廃による大幅な人口減少に見舞われている。中米マヤ文明や、南太平洋のイースター島文明が衰退したのも、やはり森林破壊が原因と見られている。

木材に頼らない燃料として、イギリスではローマ時代から石炭が用いられてきた。石炭は含有酸素が少ないため、熱量の点では優秀な燃料だ。しかし石炭に含まれる硫黄分が燃焼すると硫酸などが発生するし、不完全燃焼で生ずる煤煙も大気汚染の原因となる。早くも一三世紀には、ロンドンの街が煤煙に覆われて大きな社会問題となった。国王エドワード一世はたまりかねて石炭の使用を禁止する法令を発し、違反者は首を刎ねるという厳罰で臨んでいる。強力なエネルギー源を得ることは、人類を新たなステージへ飛翔させることだが、そこには負の面もつきまとわずにはおかない。一八世紀イギリスで起きた、産業革命もそれは同じであった。

産業革命を支えた火

産業革命は、人類史における一大ターニングポイントであった。その特徴は、「発明が発明を呼んだ時代」であったことが挙げられる。「飛び杼《ひ》」の開発によって織布工程が高速化され、糸の供給が追いつかなくなったことが、各種の紡績機の開発を呼んだ。銅山の排水ポンプとして開発された蒸気機関が、他の機械の動力にも採用され、多方面にわたって効率の向上をもたらした。大きな進歩というのは、あちこちで散発的にではなく、このように同時多発的に起こることがままある。

産業革命がイギリスで起きた理由としては、いわゆる啓蒙思想の時代で、科学の精神が浸透しつつあったこと、砂糖の三角貿易（第2章）で得られた富で潤っていたことなどが挙げられている。進歩を後押しする時代の空気、豊かな資金、そして才能ある者同士が互いを刺激し合う環境などが揃った時、稀に起こる現象であるようだ。これは文化面でも同じで、ルネサンス期のイタリア、一九世紀のパリなどでもこうしたことが起きていたのだろう。

これらのソフトウェア的な面に加え、エネルギー面でもこれを後押しする革新があった。すなわち、石炭を蒸し焼きにして得られる「コークス」の開発だ。石炭は、芳香環（いわゆる「亀の甲」）を多数含む複雑な有機化合物の集合体だが、燃焼の邪魔になる成分も含んでいる。

空気を断って強熱することで、これらの成分が分解してコールタールやピッチとなり、硫黄と共に抜けていく。これによって炭素の純度が高まり、高温での燃焼が可能になる上、排煙中の有害物質も減少する。

コークスによって高熱が得やすくなったことで、製鉄技術が大幅に進歩した。一七五〇年に二万八〇〇〇トンであったイギリスの銑鉄生産量は、百年後には二〇〇万トンへと激増している。いうまでもなく鉄はあらゆる工業の基本であり、ここからあらゆる製品が生まれた他、蒸気船・鉄道によって交通網にも革命が起きた。

イングランド及びウェールズのエネルギーは、一七五〇年には六〇パーセントほどが石炭でまかなわれていたが、この比率は一八五〇年には九〇パーセントに伸びている。フランスやイタリアの工業化が大きく遅れをとったのは、石炭が産しなかったことが大きな要因とされる。両国の工業化には、一九世紀末の電気エネルギーの普及を待たねばならなかった。産業革命とは、実のところエネルギー革命でもあったのだ。

産業革命は、それまで考えられなかった大幅な経済成長をもたらし、人口を急増させた。イングランドの人口は、一七〇〇年の段階で五〇〇万程度であったものが、一八五一年には一六八〇万に到達している。人々は都市に密集して住み、家から工場に通勤するという、現代にまでつながるライフスタイルがここに生まれた。この波は西欧全体に広がり、各国で都市化が進んでゆく。それまで経済面で競い合ってきたアジア諸国を抜き去り、ヨーロッパが世界を制する大きなきっかけともなったともいえよう。

公害問題

今でこそ大いなる進歩の時代として讃えられる産業革命だが、当時の人々にとっては決してポジティブな変化ばかりではなかった。工業化に伴う様々な害が発生し、人々の生活を脅かしていたのだ。

前述の通り、コークスは硫黄分などが除かれており、元の石炭に比べて害は少ない。しかし、あまりに大量に用いられれば、やはり煙害は大きくなる。工場の煙突から立ち上る煤煙は人々の健康を害し、詩人ブレイクはこれらの工場を「ひたぐろきサタンの家」と呼んだ。ヴィクトリア朝時代のロンドンが「霧の都」となったのは、石炭を燃やした煤煙が芯となって、霧がよく発生するようになったためだ。

この影響は長く続き、第二次大戦後の一九五二年には石炭ストーブから出る酸性の煙がスモッグを引き起こし、一週間で四〇〇〇人以上が呼吸器疾患などで亡くなる大惨事も起きている。わずか六〇年前のイギリスの大気は、現在の北京に匹敵する汚染レベルだったのだ。

切り札登場

世界各国で石炭燃料の悪影響が出始めた一九世紀半ば、ついに究極の燃料が登場する。世界が待ち望んだその燃料の名は、いうまでもなく石油だ。現代の感覚ではやや違和感があるが、石油は石炭に比べてクリーンでずっと地球に優しい燃料であり、環境問題の救世主として登場したのだ。

といっても石油は、この時になって初めて世に知られたわけではない。たとえば紀元前二五〇〇年ごろのエジプトのミイラにも、防腐剤として石油成分（アスファルト）が用いられている。旧約聖書によれば、ノアの方舟も内外にアスファルトが塗られ、しっかりと防水がしてあったという。してみると、今の地球上の全生命があるのは、ひとえに石油のおかげであるということにもなろうか。

日本でも天智天皇の時代（六六八年）に、越の国（現在の新潟県）から、燃える水と燃える土が献上されたという記録がある。独特の臭気を発するそれは「くそうず」と呼ばれ、「臭水」「草生水」などの字が当てられた。現在でも、新潟県阿賀野市に「草水《くそうず》」の地名が残っている。

しかし、これほど古くから知られていた石油の可能性は、ずっと見過ごされてきた。人類が目の当たりにしてきたのは、地上にしみ出た少量の油でしかなく、地下にこれほど大量の石油が眠っているとは誰も想像しなかったのだ。初めて大規模に油田の開発が行われたのは一九世紀半ばごろで、日本でいえば幕末の時期に当たる。現在世界の経済と産業を動かしている石油は、事実上わずか一世紀半の歴史を持つに過ぎない。

ドレークの愚行

一発逆転で油田を掘り当て、大金持ちになるというのは、誰もが一度は見る夢だろう。史上初めてその夢を実現した人物は、エドウィン・ドレークという名の男だ。ただし正確に言うなら、彼は油田を掘り当てはしたものの、金持ちにはなれなかった。

発端は、ダートマス大学の研究室に、ある卒業生が「ロック・オイル」を持ち込んだことだった。彼はペンシルベニア州のタイタスビルという小さな町で、地面にしみ出ていた油に興味を持ち、分析のために少量を取ってきたのだ。これに目を付けたのが、弁護士のジョージ・ビセルという人物であった。彼は、これが大量に取れるなら照明用に使えそうだと直感し、何人かの出資者を集めた。

ここで声をかけられたのがドレークだった。彼は職を転々とする山師であり、この時は鉄道会社の社員をしていた。「ロック・オイル」がどれだけの深さにどのくらいあるのか全くわからない、何の当てもない状態で、彼は採掘道具を揃えて付近を掘り始める。時に、一八五七年の年末のことであった。

ドレークは辛抱強く、あたりの地面を掘り返し続けたが、油らしきものは一滴もでてこなかった。誰もがその愚行を笑う中、彼は黙々と作業にいそしみ、二年近くが経過しようとしていた。黙って見ていた出資者たちの我慢も、さすがに限界に達する。

出資者は、一八五九年八月末をもって作業を中止するよう、ドレークに手紙を送る。しかし期限の四日前、深さ二一メートルに達していた採掘道具が石油の層に行き当たり、突然動かなくなった。彼は期限ぎりぎりで、見事に史上初の油田を掘り当てたのだった。現在まで我々の生活を支えている、石油という燃料の巨大な可能性が、初めて人類の前に姿を現した瞬間であった。

小さなタイタスビルの町はあっという間に大騒ぎになり、あちこちで土地の取引と掘削工事が始まった。投資を行なったビセルは、ここで相当な財を稼ぐことに成功する。一方、雇われ人に過ぎなかったドレークは大した儲けもなく、貧困生活を続けた。ようやく一八七三年、その功績を認めたペンシルベニア州がわずかな年金を支払うことにしたが、彼はその七年後にひっそりと死去する。石油時代の幕を開けた人物にしてはあまりに淋しい最後で、誠に資本家は強く、労働者は弱いとしか言いようがない。

石油帝国の出現

彗星の如く登場した石油という新しいエネルギー源に、敏感に反応した者は少なくなかった。その一人が、当時二〇代前半の若さであったジョン・ロックフェラーであった。彼はスタンダード石油を立ち上げると、同業者を排除し、あるいは併合して、見る間に巨大財閥を築き上げてゆく。

またアメリカ以外でも、ロシア・インドネシアなど各国で石油が掘り当てられ、石炭に代わるエネルギー源として地歩を築いていった。ロスチャイルド家、メロン家などの現在まで続く財閥は、この時代に石油取引を通じて巨大化していったものだ。

中でもスタンダード石油は、二〇世紀初頭にはアメリカの石油精製能力の九割を支配するまでになる。石油は巨大装置産業であり、スケールメリットが最も物をいう業界であるから、どうしても独占企業やカルテルに支配されやすいのだ。

巨大になり過ぎたスタンダード石油には、当然独占禁止法の適用が図られたが、ロックフェラー家は様々な手段を講じてこれに対抗した。しかし一九一一年、ついに最高裁判所はスタンダード石油の解散を命じる判決を下し、同社は三四もの小企業に分割される。たとえば「エッソ（ＥＳＳＯ）」という商標は、「Eastern States Standard Oil」を略したものだ。その後、これら企業群はエクソン・モービル、ＢＰ、シェブロンなどに再編され、今も石油業界に君臨し続けている。ここまで、人や国を富ませた数々の炭素化合物を紹介してきたが、石油の生んだ富はやはり桁外れというしかない。

石油とは何か

ところで、その石油とはそもそも何であり、どこから来たものなのだろうか？　実のところ、「石油」という名前の物質も、商品も存在してはいない。石油は、様々な化学組成を持った「炭化水素」の集まりなのだ。

序章で述べた通り、炭素は互いにつながり合って長い鎖を作る。ここに、水素がまわりを覆うように結合したのが炭化水素だ。おおむね、炭素の数が四以下であると気体に、五から十数個であれば液体に、それ以上であれば固体になる。石油とは、これら様々なサイズの炭化水素が混じり合ったものだ。

石油が燃料の王座に就いた理由は、要するに液体であるという点にある。気体である天然ガスはかさばるため運搬が不便であり、漏れ出せば爆発の危険もあるが、液体である石油はずっと扱いやすい。石炭の運搬は重労働だったが、液体である石油はパイプラインでの輸送も簡単だし、船などへの積み込みも半自動化できる。

また石油を加熱して気化させ、これを冷やしてやると、沸点の差によって分子のサイズごとに分けられる。この「分留」によって、硫黄分などの不純物もほとんど除ける上、揮発性・重量などの性質をほぼ一定に揃えることができる。このため、ストーブや内燃機関など、用途に合わせて最適な燃料を供給できるし、出力を細かく調整することなども朝飯前だ。この点、不均一な炭素成分の塊である石炭には、どうあがいてもまねができない。

炭素が一つだけのメタンは都市ガスの成分、炭素数三〜四の成分は液化石油ガス（ＬＰＧ）となり、それぞれ家庭用の燃料としてなじみ深い。炭素数五〜一〇の成分はガソリン、一一〜一五の成分は灯油、一五〜二〇の成分は軽油、さらに大きなものは重油として、用途に合わせて活用される。分留後に残る残油はアスファルトとなり、道路の舗装に欠かせない。石油は多

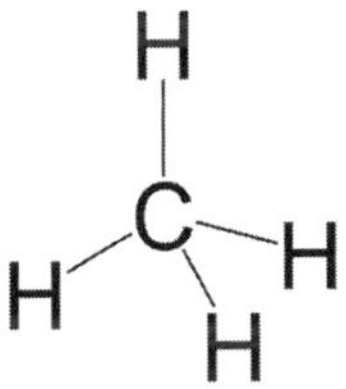

都市ガスの成分メタン

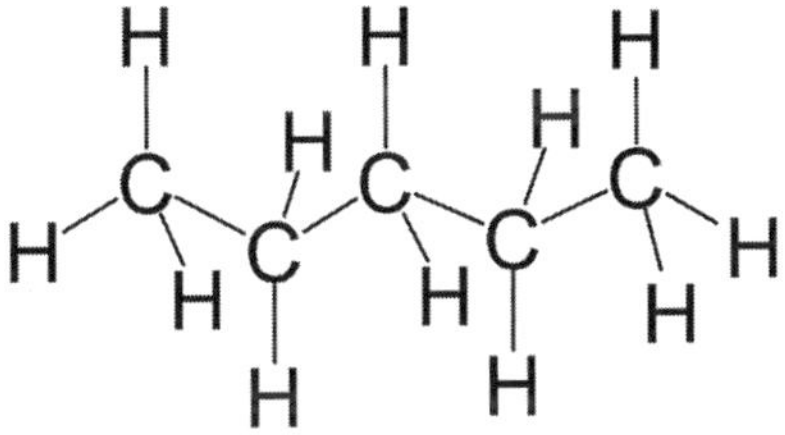

ガソリンの成分ペンタン

くの成分にきちんと分けることができ、それらが全て無駄なく利用できるという、まさに理想的な資源なのだ。

コップ一杯のガソリンは、四人家族と荷物を載せた一トンもある鉄の塊を、数キロメートルも先まで運ぶ力を秘めている。しかも石油は大量に湧出し、恐ろしく安価に供給される。数百億円を投じて探し出された油田から掘削・採取され、地球の裏側から運ばれ、分留精製され、そこにたっぷりと税金がかかったガソリンが、ペットボトル詰めのミネラルウォーターより安く手に入るのだ。これを神の恩寵と呼ばずして何と呼べばよいのか、とさえ思ってしまう。

石油の起源の謎

では、その石油はどこから来たのだろうか？　実は、この点はまだ謎が多い。現在主流なのは、有機起源説と呼ばれるものだ。植物プランクトンなどの死骸が海底や湖底に沈み、細菌による分解を受けて腐植物質となる。これが地殻変動によって地下深くに埋没し、高い地熱と圧力を受けて原油に変化するというものだ。

生命だけが作る特徴的な化合物が石油に含まれていることなどが、その証拠として挙げられている。

一方の無機起源説は、元素周期表の考案者として有名な、ロシアの化学者ドミトリ・メンデレーエフが最初に唱えたものだ。地球という惑星ができた時に閉じ込められた炭化水素が、やはり地中深くの熱と圧力を受け、変成してできたとする。この説で行くと、石油は現在推定されているより大量に埋蔵されており、地球深部から少しずつ地表に向けて湧き出てきているということになる。実際、枯渇した油田を放置しておくと、再び油が湧いてきて採掘可能になることがあるが、この説ではそれも説明できる。

生物原因なら、産地によって石油の組成が大きく違っても不思議ではないが、実際にはほぼ一定であること、生物とは無縁と思えるような超深度でも原油が見つかることなども、無機起源説の論拠になっている。以前は相手にもされていなかったが、一定の説得力を持っており、近年ではこちらの説を唱える学者も増えている。いずれにしろ、我々が日常当たり前に使っている石油は、実のところいまだ由来不明の謎の物質なのだ。

石油と戦争

ともかくこのような次第で、石油は発見されるや一気に社会の主役へと躍り出る。当初の用途はガス灯などであったが、暖房、発電などへ次々応用され、さらには自動車の時代をもたらした。経済・産業への影響はもちろん、石油の波及効果によって発展した分野は数知れない。油田探索は地質学を、海底油田開発は潜水技術を、石油輸送は造船技術を、それぞれ大きく発展させた。

コンパクトで扱いやすく、高いエネルギーを持つ石油の出現は、戦争の形態をも一変させた。第一次世界大戦においてはイギリス軍が、砲台を搭載して石油で走る戦車を初めて開発した。このとき英軍は、機密保持のために表向き「水を運ぶためのタンクを作っている」としていたため、その後も戦車を「タンク」と呼ぶようになったとされる。戦車は一九一七年一一月のカンブレーの戦いで大きな戦果を挙げ、これ以降各国で戦車開発競争が始まる。

それよりも大きかったのは、当時のイギリス海軍大臣であったウィンストン・チャーチルが、戦艦・潜水艦の動力に石油を採用したことだ。世界最強の国家が、自国で生産できる石炭を捨て、輸入に頼らざるを得ない石油に動力源を切り替えたことは、世界のエネルギー地図を塗り替える画期的なできごとであった。

導入された艦船は、機動力の高さと補給の容易さで敵を圧倒した。第一次世界大戦の後半には連合国がドイツを海上から封鎖し、石油を初めとする物資の供給を絶ったことが、この大戦の行方を決する。カーゾン英国外相の述べた如く、「連合軍は石油の波に乗って勝利の港に着いた」のであった。

第一次世界大戦後、各国は軍の整備に力を入れ、もはや軍隊も工業も石油なしに成立しない時代になった。そして迎えた第二次世界大戦は、最初からはっきりと石油争奪戦の様相を呈する。日本が対米開戦に踏み切った大きな要因は、一九四一年八月の石油全面禁輸であったし、ドイツがフランスやソ連に侵入したのも、油田や石油施設を狙ったものであった。要するにこの戦争は、石油を持たぬ日独伊が、これを奪うべく連合国に挑み、最後まで石油を確保できぬまま敗れ去った戦いでもあった。

現在世界最大の産油地帯となっている中東の油田は、そのほとんどが戦後に開発されたものだ。全世界の石油埋蔵量の半分以上がこの地域に集中しており、そのもたらした凄まじい富は、資源のない我が国から見ればまさに夢のようだ。が、一方でこの地域にうち続く紛争と戦乱を見ると、なかなか羨ましいとばかりはいえなくなる。

化石燃料はどこへ

石油は、単に燃料になるだけではない。またとない利用しやすい炭素源であり、ここから様々な製品を作る技術が発展していった。各種のプラスチックや合成繊維は、要するに石油を元に構造を組み替え、使いやすい形の分子に整えたものだ。周りを見回してみれば、プラスチック・繊維・染料などなど我々の暮らしがいかに石油由来の製品だらけになっているか、改めて驚かざるを得ない。すでに人類が掘り出して使った石油の量は、一兆リットル近くにも及んでいる。

化石燃料の未来を占うのは、容易なことではない。第一次オイルショック（一九七三年）のころには、石油の埋蔵量はあと三〇年ほどとされていたが、それから四〇年が過ぎた現在も十分に石油はある。新たな油田の開発、省エネなどが進んだためだ。

また、つい最近も「ピークオイル論」が注目を集めた。世界の石油生産量は、二〇〇六年ごろをピークに減少に転じ、これが世界経済に大きな影響を与えるとの説だ。しかしこの予測は、シェールガスの登場によってほぼ瞬時に過去のものになってしまった。

近年注目のシェールガスだが、成分そのものは従来の天然ガスと変わりない。違いはその在処で、従来の天然ガスは岩石の隙間に自然にたまっていたものだが、シェールガスは頁岩と呼ばれる粒子の細かい岩石に含まれている。従来の技術では、穴を掘ってガスの噴出を待つしかなかったから、資源として役立つのは前者だけであった。

この状況をひっくり返したのは、ジョージ・ミッチェルという男であった。彼は一九八〇年代からシェールガス採掘に挑み、自社のエンジニアの「金をドブに捨てているだけですよ」という忠告にも耳を貸さず、ひたすらに技術開発に取り組んだ。やがて彼は、二〇〇〇メートルも垂直に掘った後でトンネルを曲げて水平に掘り進む「水平掘削」、ここに高圧の水を送り込んで岩盤を砕く「水圧破砕」という技術を編み出す。これによって岩盤に割れ目を作り、今まで地下の岩石中に秘められていたガスを、効率よく取り出すことに成功したのだ。

一九世紀のドレークとは異なり、ミッチェルは成功を手に入れた。一九九九年、八〇歳でシエールガス掘削技術を完成させた彼は、二〇〇二年にその会社を売却、二〇〇四年には総資産額世界トップ五〇〇に名を連ねた。二〇〇八年頃からは大手石油企業も参入し、全米各地でガス田の掘削が始まっている。世界経済を変えつつあるシェールガスは、ミッチェルの「老いの一徹」によって生み出されたものなのだ。

シェールガスの埋蔵量は、世界の需要の三〇〇年分ともいわれる。しかもシェールガスは、燃やした時の二酸化炭素排出量が、石油などに比べてずっと少ない。シェールガスの主成分のメタンは炭素原子一つに対して水素が四つ結びついているが、石油ではこの割合が炭素一：水素二、石炭に至ってはほとんどが炭素だ。このため、石炭の発熱量当たりの二酸化炭素放出量を一〇〇とした時、石油は八〇、シェールガスは五五に過ぎない。かさばる気体であるという弱点を補って余りあるこの優れた燃料が、石油などよりもずっと低コストで生産できるわけだから、期待が集まるのも当然といえよう。

シェールガスの四割ほどはアメリカに分布すると言われ、採掘技術の特許なども押さえているから、同国にとってはまたとない復活の切り札となりうる。火力発電、自動車、その他あらゆる分野で、ガスへのシフトが急激に起こっても不思議ではない。二〇二〇年までに、アメリカは世界最大の化石燃料輸出国になるともいわれるから、国際政治の力学にも大きな影響を及ぼすだろう。石油発見以来のエネルギー革命であるといっても、全く過言ではないのだ。

福島第一原発事故発生後、日本のほぼ全ての原発が停止したが、今のところ大規模な停電などの危機は何とか避けられている。実はこれも、シェールガス革命の間接的な恩恵を受けたためだ。アメリカでシェールガス増産が始まっていたために、カタールなどの中東産天然ガスが余っており、日本はこれを買い付けることで窮地を凌げた。三・一一以前、日本の電力の三割弱が天然ガスによるものであったが、この割合は現在五割近いラインに達している。

とはいえ、シェールガスは立ち上がったばかりのエネルギーであり、石油に代わるようなエネルギーになっていくかどうかは、まだ保証の限りではない。頁岩の水圧破砕を行う際に用いる薬品が、環境汚染を起こすとの指摘もされているし、大量の注水が地震を誘発するのではという懸念もある。

またシェールガスの主成分のメタンは、燃やす分には二酸化炭素排出量が少なく済むが、それ自身の温室効果は二酸化炭素の二〇倍以上も高い。温暖化といえば二酸化炭素ばかりが取り上げられるが、実は温室効果全体の二割はメタンが原因であり、決して小さくはない。牛などの「げっぷ」に含まれるメタンガスさえ地球温暖化を後押しするため、げっぷを減らす方法が真剣に研究されているほどだ。シェールガスが広く用いられるようになれば、燃えないままに漏れ出すメタンも当然増え、地球温暖化に対しては逆効果になる可能性もある。

何であれ「何もかもいいことずくめ」ということはあり得ないが、特にエネルギー問題については、それを肝に銘じておかなければならない。これは太陽光発電・風力・地熱など、「クリーン」と名のつくエネルギーでも同じことで、必ず何らかの弊害を伴わずにはおかないだろう。

アメリカは、シェールガス革命後にもバイオエタノール推進策を続けており、生産量は増加の一途にある。また原子力についても、政策は揺れてはいるものの、完全に捨ててしまったわけではない。エネルギーの確保は、「シェールガスが出たからもう他はいらない」で済むような簡単な問題ではないことを、彼らはよく知っているのだろう。

本書ではこれまで人類が抱える問題について述べてきたが、その多くは、煎じ詰めればエネルギーの確保ということに行き着く。淡水の不足は、エネルギーを使って海水を脱塩すれば解決できる。窒素の固定やリンの回収、二酸化炭素の削減も、エネルギーさえ十分なら同様に可能になる。本当に使いたい放題に使えるエネルギーを人類が手にしたなら、食料の増産、貧困の解消、戦争の根絶といったことも、決して夢物語ではなくなる。文字通り、「エネルギーがあれば何でもできる」のだ。あらゆる有用物質に化け、主要なエネルギー源ともなる炭素が、二一世紀のキープレイヤーとなることは、必然的なことだといえる。

終章　炭素が握る人類の未来

炭素はどこへ

ここまで、炭素が作る化合物の数々が、いかに歴史を動かしてきたかを眺めてきた。日常食べる食品、生活に欠かせないエネルギー、豊かな暮らしを支える工業製品などは全て炭素を基本としており、その重要性は今後さらに増すことはあっても、減じることは決してないであろう。

特に近年、多くの分野において、炭素化合物の存在感がさらに増してきている。長らく無機物が用いられてきた場所に、炭素化合物が進出する例が増えているのだ。

軽く安価で、着色も成形も自由自在な各種プラスチックは、戦後の世界を席捲してきた。たとえば飲料用のガラスびんは、今やほとんどがペットボトルに置き換わっている。ペット（PET）すなわちポリエチレンテレフタラートは、透明かつ衝撃に強いプラスチックとして、近年大きく需要を伸ばした。石油から作るために環境負荷が高いと思われがちだが、実は軽く割れにくいために輸送費が少なく済み、リサイクルさえきちんと行えば、ガラスびんよりもずっと環境に優しい材料になりうる。

もし百年前の人間を現代に連れてきたなら、彼が真っ先に驚くのは、我々の生活空間が素晴らしくカラフルになっていることだろう。かつては、彩色といえば鉱物由来の顔料などが主体であり、多くは高価で毒性もあった。植物由来の有機染料も知られていたが、色がさめやすく、洗えばすぐ落ちるようなものが多かった。

しかし、一九世紀にコールタール由来の合成染料が開発されると、その鮮やかな色彩は瞬く間に世界を制した。ドイツのBASF、フランスのサノフィ・アベンティス、イギリスのインペリアル・ケミカル・インダストリーズなど、世界の巨大化学企業・製薬企業の多くは、この時代に立ち上がった染料会社にその源流を持つ。現代の我々の生活を彩る鮮やかな色彩の数々は、芳香族化合物を主体とする炭素化合物に、その多くを負っている。

現代においても、炭素化合物は色彩の世界に領土を着々と拡大しつつある。長い間、テレビの映像表示は専らブラウン管によっていた。これは、希土類元素を主成分とする蛍光体をガラスに塗ったものだ。しかし一九九〇年代以降、炭素化合物を用いた液晶ディスプレイが台頭し、長きにわたって用いられてきたブラウン管を王座から引きずり下ろした。液晶は発色が鮮やかである上に、ずっと消費電力が少なく済む。今はもう、あの分厚い箱形のブラウン管テレビを目にする機会は、ほとんどなくなってしまった。

発光ダイオード（ＬＥＤ）は近年急速にシェアを伸ばしており、信号、照明、ディスプレイなどに広く用いられる「現代の光」だ。これらはリン、ガリウム、ヒ素など無機化合物が主体となっているが、この分野にも炭素化合物が進出しようとしている。有機エレクトロルミネッセンス（有機ＥＬ）と呼ばれる技術がそれだ。英語では「organic LED」（ＯＬＥＤ）と呼ばれる通り、有機ＥＬの基本的な発光原理はＬＥＤと同じであり、違うのは発光材料に炭素化合物を使っている点だ。有機ＥＬは低消費電力ながら明るく、ＬＥＤとは異なって面発光も可能で、極めて薄く軽く作成できる。液晶やＬＥＤの次世代を担う発光材料として、いよいよ実用化が進もうとしている。

鋼鉄を初めとする各種金属は、硬く強い材料の代表として、古くから人類の文明を支えてきた。しかしここにも、新しい材料である炭素繊維が進出しつつある。炭素同士の結合は、他のあらゆる原子同士の結合よりも強い。このため炭素繊維は極めて強靭であり、重さは鉄の四分の一であるのに、重量当たりの強さは一〇倍以上、硬さは七倍に達する。このため、乗り物に使えば安全性を高められる上、燃費を大いに向上させうる。最新鋭の航空機や宇宙船には、炭素繊維を主体とする複合材料が欠かせない。橋や建材にも広く用いられており、来るべき大災害から、多くの生命を守ってくれることだろう。

炭素化合物がこうして多くの分野に進出している理由は、まず石油などの安価な材料から量

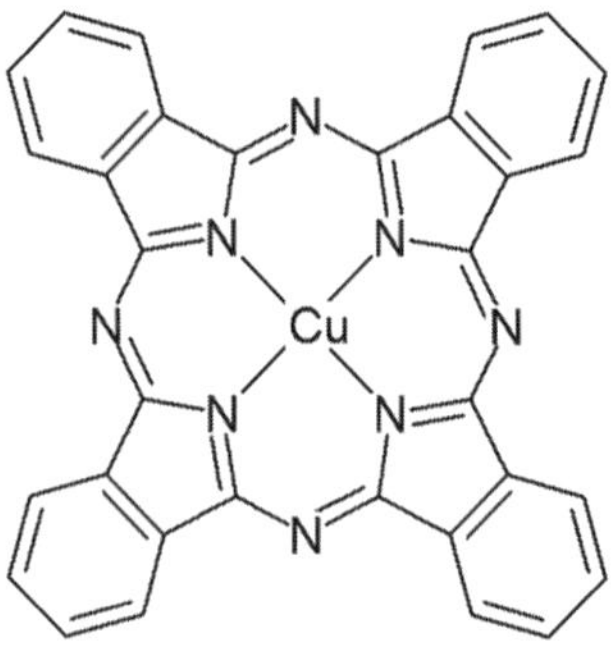

フタロシアニン

産できること、そして構造を人工的に細かく変えることで、様々に望みの性質を引き出せるということによる。せいぜい混合比率や結晶化方法などを変えることくらいしかできず、複雑な化合物を作り得ない無機化合物には、なかなかまねのできない芸当だ。

例えば色素なら、構造を少し変えることでいろいろな色を表現できる。道路標識などに用いられるフタロシアニンブルーという青色色素に、塩素原子を結合させると鮮やかな緑色になるのはその例だ。彩色したい材料に混じりやすいもの、布にしっかり結合して落ちにくいものなども、分子のデザイン次第で自在に創り出せる。

人体内で働く数万のタンパク質から目的のものだけを見分け、安全かつ確実に病を癒す医薬化合物は、分子デザインの究極といえる。もちろんこうした化合物を創り出すのは、容易なことではない。かつては研究者の職人的なカンを頼りに、様々な化合物を作りながら手探りで最適化を行なっていたが、ここにも近年変革の波が押し寄せている。コンピュータによる理論計算、大量の化合物を一挙に作り出し、試験を行うスクリーニング技術など、現代のあらゆる最先端科学が、そこには投入されている。

こうして生み出された新薬の数々により、多くの難病に治療の道が拓かれてきた。たとえばかつて死病として恐れられたエイズなどは、薬さえ飲んでいれば発症を抑えることができ、天寿を全うすることも可能になってきている。

近年では、バイオ技術を用いて作る、安全かつ有効性の高い「抗体医薬」が脚光を浴びている。抗体とは、病原菌やウイルスなどが侵入してきた時に作られ、これらの活動を抑えるものだ。抗体は本来外敵に対抗するためのものだが、がんやリウマチなどの原因となる体内タンパク質の活動を抑えるため、これらに対する抗体を人工的に作ってやれば、これらの病気に対する治療薬となりうる。これが抗体医薬だ。これらの新薬は、特にがん治療の分野で成果を挙げており、「不治の病」というがんのイメージは今や大きく変わりつつある。

抗体などのタンパク質もまた巨大な炭素化合物であり、これらを作り出すバイオ技術の発展は、今までの化学合成では手の届かなかった範囲を開拓した。バイオ技術は、有用物質を生み出す新たな方法論として、旧来の技術と融合しながらさらに発展を遂げてゆくことだろう。

炭素のサッカーボール

さらに次の時代を支えるであろう材料も、次々に登場している。近年注目を集めているのは、純粋な炭素から成る「ナノカーボン」と呼ばれる材料群だ。きっかけとなったのは、一九八五年に発見された「フラーレン」と呼ばれる物質で、その発見は全くの偶然であった。

それまで知られていた純粋な炭素の形態は、黒鉛とダイヤモンド、そして無定形炭素と呼ばれる三種類であった。黒鉛は、鉛筆の芯などに用いられており、蜂の巣状に炭素が並んだシートが多数積み重なった構造を持つ。ダイヤモンドは、炭素原子が三次元的なネットワークを成したもので、光り輝く外見に負けず劣らず、その構造も実に美しい。無定形炭素は、炭素化合物の不完全燃焼で生じる「すす」などのことで、炭素原子同士がランダムにつながり合った網目状構造を取る。これらは人類が数千年にわたって利用してきたものであり、研究者にとってこれらは、もう十分に研究され尽くした物質であった。

「第四の炭素」フラーレンを発見したのは、実用的な材料科学などには縁もゆかりもない、星間物質の研究者たちであった。宇宙空間における特殊な炭素化合物を再現しようと、黒鉛にレーザーを照射してその破片を調べる研究をしていたところ、ある条件で炭素が六〇個集まったものが、特異的に得られることが判明した。なぜ五〇個でも一〇〇個でもなく、正確に六〇個なのか——その理由を追究していくうち、どうやら炭素が極めて対称性の高い、サッカーボール状に集まった構造を成していることがわかってきたのだ。

これは驚異的なことであった。人類にとって最もなじみ深い元素と思われていた炭素に、このような未知の形態が存在していたこと自体が、新鮮な驚きであった。まして、レーザーでバラバラに壊れた炭素が、誰の手も加えないのに自然に美しい形状にまとまるという事実も、化学者の好奇心を惹きつけずにおかなかった。

さらに一九九〇年にはアーク放電を用いた大量合成法が発見され、多くの化学者がまとまった量のフラーレンを手に入れられるようになる。このニュースの衝撃は非常なもので、この発表を学会で聞いた化学者たちが、自分たちも早速試してみようと慌てて研究所に駆け戻ってしまい、それ以降の発表ががら空きになってしまったというエピソードが残っている。

そこからのフラーレンフィーバーは凄まじいものであった。フラーレンはただ美しいだけでなく、化学者の興味を惹きつける多彩な性質、反応性を備えていた。研究論文数はうなぎ登りになり、フラーレンはわずか数年で「史上最も性質がよく調べられた分子」になった。球状の形を活かしたナノレベルの潤滑剤として用いるなど、すでに多くの製品が創り出されている。

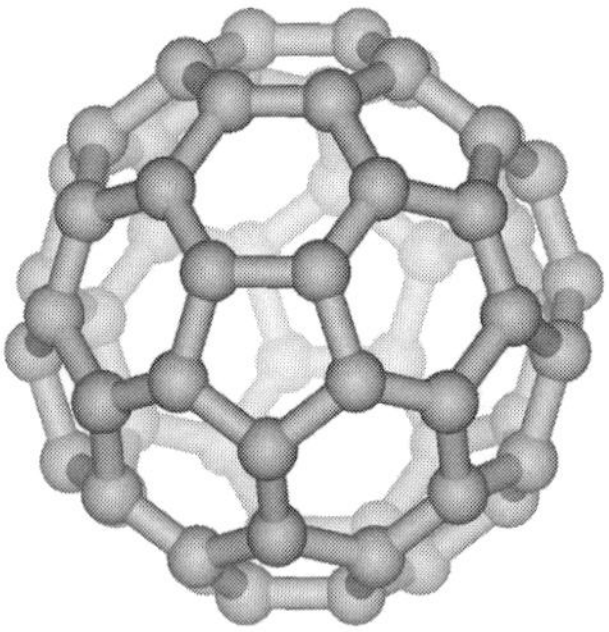
フラーレン

中でも最も期待されるのは、太陽電池への応用だ。現在の太陽電池はケイ素結晶を用いるものだが、高純度が要求されるために極めて高くつく。しかし最近、フラーレンに手を加えて作った化合物を利用した太陽電池が実用化に近づいている。この太陽電池は非常に薄くて軽く、フィルム上に「印刷」するようにして簡単に製造できるのが特色だ。このため、壁紙やカーテン、各種日用品の表面など、あらゆる場所を「発電所」にしてしまうことができる。まさに、未来を拓く技術といえるだろう。

フラーレンの発見者であるR・スモーリー、H・W・クロトー、R・F・カールらは、その功績で一九九六年のノーベル化学賞を受賞している。そう遠くない将来、このジャンルはさらに何人かのノーベル賞科学者を生むことになるだろう。

カーボンナノチューブの衝撃

フラーレンの大量合成法発見の翌年には、さらなる衝撃的な報告がなされた。一九九一年、NECの研究所に籍を置いていた飯島澄男博士が、カーボンナノチューブという新たな炭素材料を発見したのだ。黒鉛は炭素が蜂の巣状のシートになったものと述べたが、カーボンナノチューブはそれを丸め、筒状にした構造を持つ。

このカーボンナノチューブの特徴は、極めて細長いのに恐ろしく強靱であることだ。欠陥のないカーボンナノチューブを作れたら、直径一センチのロープで一二〇〇トンの重量を吊り上げられる計算になるという。

前述の通り、炭素繊維は極めて強靱な材料だ。これは、あらゆる原子結合中最強である、炭素と炭素の結合で全体が出来上がっているためだ。カーボンナノチューブは、炭素繊維より遥かに高密度かつ規則的に炭素原子が並んでおり、その強さを最もよく引き出せる。理論上考えられる、最強の材料であるといっても過言ではないのだ。

さらにカーボンナノチューブは、炭素原子の配列により、よく電気を通す導電体にも、また半導体にもなりうる。後者を使えば、現在のシリコンを基本としたコンピュータよりずっと低電力で、かつ一〇〇〇倍高速でも正確に動作するものが作れるとされる。この他にも様々な応用が考えられており、まさに夢の新素材といえる。

さらに新顔として、グラフェンという炭素材料も登場した。黒鉛（グラファイト）は、炭素が蜂の巣状につながったシートがたくさん積み重なったものと述べたが、グラフェンはこの一層だけを取り出したものだ。実は、こうして一枚だけを剝がし取れれば、いろいろと面白い性質が引き出せるはずということは昔から指摘されていたのだが、これはずっと難しいとされてきたのだ。

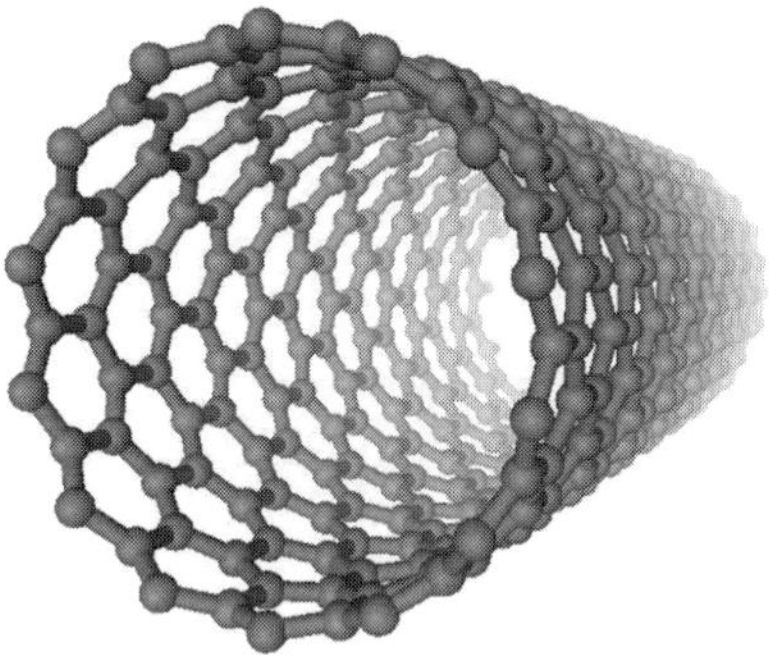
カーボンナノチューブ

しかし二〇〇四年、A・ガイムとK・ノボセロフは、セロテープでグラファイトを挟んで何度も剝がすという恐ろしく原始的な操作によって、一層のグラフェンを分離できることを発見した。原子一つ分の厚さしか持たない、史上最も薄い素材が、人類の前に姿を現した瞬間であった。これもまた電子デバイスなどに応用が期待され、発見者の二人は二〇一〇年に早くもノーベル物理学賞に輝いた。「二一世紀は炭素の世紀」と言われるのは、これら新素材への期待によるところが大きい。

このような次第で、今後いろいろなジャンルで、ますます炭素材料へのシフトが進んでいくと思われる。これを支える有機合成化学——炭素や他の元素を自在に結合させ、組み替え、欲しい化合物を創り出す学問——は長足の進歩を遂げており、今や作り出せない化合物はないと言っていい。いかに必要な機能を持った化合物をデザインし、ベストなものにたどり着くか、各分野で試行錯誤が進んでいる。

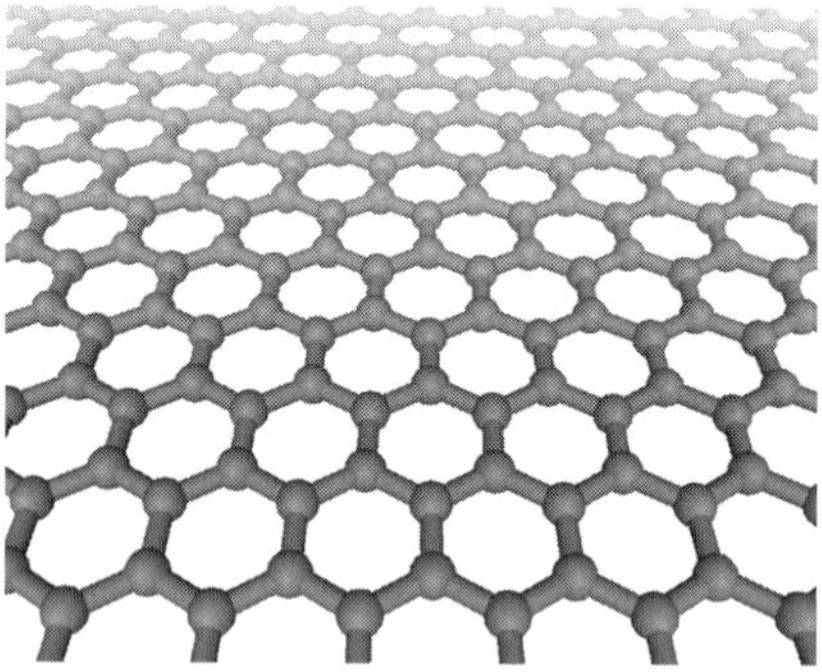
グラフェン

序章において、人類の炭素化合物利用は、次のような段階を踏んできたと述べた。

（1）自然界に存在する有用化合物を発見し、採取する
（2）農耕・発酵などの手段で、有用化合物を人為的に生産する
（3）有用化合物を純粋に取り出す

（4）有用化合物を化学的に改変・量産する

（5）天然から得られる有用化合物に倣い、これを超える性質を持った化合物を設計・生産する

近年の有機合成化学の進歩は、「自然界に全く存在しない性質を持った物質を、新たに設計して生み出す」という、さらに次のステージを拓きつつある。先に挙げたナノカーボン材料たちは、その先頭を走る物質群だ。

今まで「化学」という言葉は、多くの人にとって、どこか嫌悪感を抱かせるものであったように思う。化学は我々の暮らしを支える素晴らしい物質を創り出してきたが、一方で各種の公害など大きな負の遺産を生んできたことが、嫌われる大きな理由だろう。これは紛れのない事実だが、化学はこれらの教訓に学び、今や低環境負荷、低エネルギー消費の文明を創り出すための、キーテクノロジーになろうとしている。

炭素争奪戦の時代

物質生産と並ぶ、炭素化合物のもうひとつの重要な用途は、エネルギー源だ。生産される石油のうち、化学製品などの原料として用いられるのは二割程度であり、残りは全てエネルギー源として発電や輸送などに費やされる。こちらについても、今後需要が拡大していくのは明ら

かだ。中国やインドを初めとするアジア各国の経済成長により、二〇三〇年のエネルギー需要は、現在の一・四倍近くに膨れ上がると見られている。

原子力エネルギーでこの増加分を賄おうという方向性は、二〇一一年に起きた福島第一原子力発電所の事故により、世界的に大きな見直しを余儀なくされた。この事故を受けて、ドイツ・イタリア・スイスなど多くの国が、原発の廃止または縮小へ向けて舵を切っている。日本でも様々な議論が行われているが、少なくとも今までと全く同様のエネルギー政策を採れるはずもない。

風力・太陽光などの再生可能エネルギーでこれをカバーできれば一番よいが、残念ながらどうひいき目に見ても、今のところこれらは原子力の穴を埋めるエネルギー源にはなりえない。風力や太陽光は、あまりにエネルギー密度が低すぎるためだ。たとえば地球に届く一時間分の太陽エネルギーは、世界の一年分のエネルギー消費を上回る。しかし、太陽光は地球表面に薄く広く降り注いでいるため、これを回収することが難しい。このように、薄く広がったものを集めるのは、エントロピー的に不利であるため、どれだけ科学が進もうとも本質的に乗り越え難い壁がある。

たとえば太陽光発電では、同じ発電量の天然ガス発電所に比べて三〇〇〇倍もの面積を必要とする。となれば当然その分生態系などを圧迫するし、建設コストも膨大になる。また風力や太陽光は天候などに左右され、安定かつ巨大な出力を提供することはできない。このようなわけで、少なくとも今後数十年は、炭素化合物を主体とした化石燃料が、エネルギーの主役を務める他はない。

となると、「今後、炭素資源は十分確保できるのか」という点が最大の懸念となる。一時期は石油の枯渇が懸念されたが、シェールガスという新たな炭素資源の登場で、供給の不安はだいぶ薄れたとはいえよう。ただし前述のように、環境問題などのため、シェールガスの利用拡大にストップがかかる可能性はある。また、掘り始めて数年で、早くも産出が大幅に減少しているガス井なども出てきており、この新資源の先行きはまだ予断を許さない。

もうひとつ、資源ナショナリズムの問題もある。生産地域が偏っている資源においては、産出国が資源を自国で囲い込み、政争の具として用いようとする傾向が、ますます進みつつある。他国に資源が存在するからといって、必ずしも資源が手に入るということにはつながらないのだ。尖閣問題に端を発した、中国産レアメタルの禁輸騒動はその典型だ。またアメリカも、シェールガスの輸出には慎重な姿勢をとり続けている。

日本の炭素資源として期待されるのは、なんといってもメタンハイドレートだ。これは深海の低温・高圧下で生成する物質で、水分子で作られたかご状の空間に、メタン分子が閉じ込められた構造だ。見た目はシャーベット状で、陸上に持ってくると容易に分解してメタンガスを放出する。

日本近海には、我が国で使用される天然ガスの約百年分に及ぶメタンハイドレートが存在するとされ、これが採掘できるなら我が国は世界有数の資源国となりうる。日本にとって、まさに喉から手が出るほど欲しい炭素源だ。二〇一三年には世界初の採掘実験にも成功し、夢の資源へ手が届くところまで来ている。

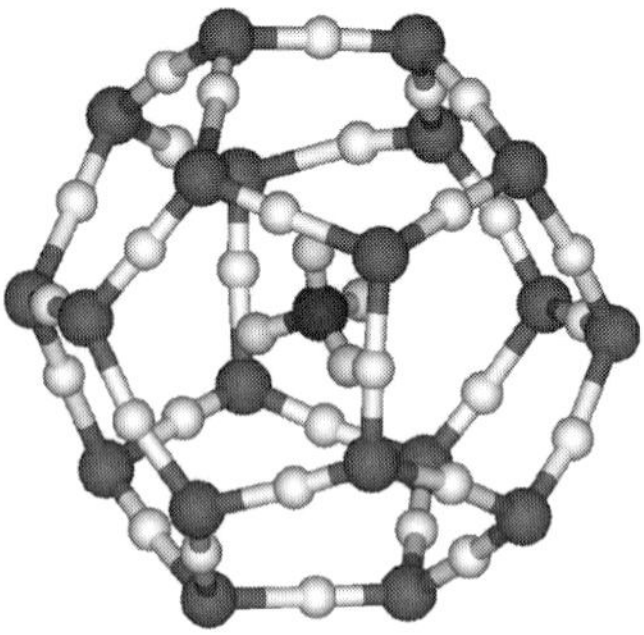

メタンハイドレート

しかし、海底の地層を掘り返すことで地震などを引き起こす可能性はないのか、生態系を乱したり、環境問題を引き起こしたりはしないかなどといった問題は、まだまだ未解決だ。それをクリアしても、経済的に引き合うようなコストで一〇〇〇メートルの海底から採掘できるのでなければ、いくら埋蔵量があっても実際的には意味を成さない。メタンハイドレートは、シェールガスなどより遥かに先行きのわからない資源でしかない、というのが現状だ。

また、すでに東シナ海のガス田を巡って中国とのつばぜり合いが起きていることを思えば、今後メタンハイドレートが実用化に向かった時には、さらに激しい争いが起きることも想定せねばならない。二一世紀は、結局炭素争奪戦の時代にならざるを得ないのだ。

気候変動の宿命

これら新たな炭素資源が実用化できたとしても、これらを使いたい放題に使うわけにはいかない。言うまでもなく、地球温暖化という現代最大の環境問題が横たわっているためだ。なお、大気中二酸化炭素濃度の増加によって起こるのは気温上昇ばかりではないため、欧米では近年、「気候変動」(climate change)という言葉が使われることが多くなっている。

二酸化炭素と気候の関係、そのもたらす影響の大きさについては多くの議論があり、いまだ懐疑論も根強い。しかし、様々な証拠から、人類の活動による二酸化炭素濃度の増加が、地球環境に大きな影響を及ぼしているのはほぼ確実という他はなさそうだ。もし環境激変に至る確率が低いとしても、その及ぼす悪影響の大きさを思えば、できる限りのリスク低減手段を講じるのが、後世に対する我々の世代の責任であろう。

二酸化炭素濃度増加の影響については、海洋酸性化という問題も指摘されている。これは、大気中に放出された二酸化炭素が海に溶け込むことにより、炭酸を生じて海水が酸性に傾くことを指す。すでに産業革命以来、海水のpHは〇・一ほど酸性に傾いており、このまま行けば今世紀末までに〇・一四〜〇・三五ほど酸性化が進むものと予測されている。

海水のpHが少々変わるくらい、一見どうということはなさそうだが、実は全生命の存続に関わりかねない大問題なのだ。海洋生物の多くは、炭酸カルシウムで作った殻を持っている。この物質は酸に弱いため、少し海水が酸性に傾いただけでも、プランクトンから貝類、サンゴになど多くの生物が、正常な殻を作れなくなってしまう。

実のところ、この炭酸カルシウムは海水中に溶け込んだ二酸化炭素から造り出される。つまり二酸化炭素は、炭酸カルシウムの原料になる一方、これを破壊する方にも働いており、両者は非常に微妙なバランスの上にある。

炭酸カルシウムは石灰石として豊富に産出し、セメントや大理石、食品材料など、様々な形で我々の暮らしを支えている。これらの多くの部分は、かつてサンゴやプランクトンなどの海洋生物が造り出し、蓄積したものだ。地球上の炭素の実に九〇パーセントは、この炭酸カルシウムの形で存在しているといわれる。

いわば石灰石は、二酸化炭素が海水中のカルシウムと結びつき、固体の形に固められたものといえる。もし地球上の石灰石が全て分解してしまったら、大気の九七パーセントを二酸化炭素が占めることになり、その強烈な温室効果のために、人類が住めるような気温ではなくなる。現在の住みやすく温暖な地球環境があるのは、サンゴなど海洋生物のおかげといっていい。

しかしそのサンゴは、酸性化に加えて海水温の上昇にも弱く、二酸化炭素濃度上昇の影響を真っ先に受ける。サンゴ礁は海の〇・二パーセントを覆っているに過ぎないが、全海洋生物の四分の一に住み処や食料を供給している、極めて豊かな生命の宝庫なのだ。その衰退は、海の生態系全体に大きな影響を与える。これは人類にとっても、漁獲高減少という形で、直接に大きなダメージとなって返ってくる問題だ。

だが、様々な要因によって、サンゴ礁は現在までその二七パーセントが消失しており、このまま放置すれば今後三〇年で合計六〇パーセントが失われる危険がある（世界自然保護基金の報告書による）。この「海の砂漠化」とでも呼ぶべき現象は、目につきにくい形ながら、確実に地球環境を脅かしつつある。

人工光合成を実現せよ

炭素の需要はますます増え、その奪い合いはさらに続いてゆく。一方で大気中に放出された炭素分は、徐々に我々の生存にとって脅威になりつつある。となれば、大気中の二酸化炭素を回収し、資源として再び活かす方法を編み出す他はない。具体的には、酸化された状態の二酸化炭素を、元の炭化水素などに戻す——化学の言葉でいえば「還元する」手法だ。

エネルギーを放出し切った「炭素化合物の燃え滓《かす》」である二酸化炭素を、元のレベルに引き戻すのは、非常に厄介な作業だ。ただしこれは現在知られている化学反応を用いてもできないわけではない。たとえば二酸化炭素を、特殊な金属化合物を用いてメタノールにまで還元する方法が、すでにいくつかの研究チームから発表されている。

しかし、二酸化炭素を還元するためには、高いエネルギーを要する。このエネルギーをまかなうため、化石燃料を燃やして二酸化炭素を発生させるのでは本末転倒となる。太陽光など、二酸化炭素の発生を伴わないエネルギー源を用いて、大気中の二酸化炭素を還元するのでなければ意味をなさない。

これは要するに、植物が行なっている「光合成」に他ならない。植物は空気中の二酸化炭素から、太陽光エネルギーを用いて糖分を作り出しているが、これに倣って各種の有用物質を人工的に造り出す――すなわち「人工光合成」を行うのは、現代化学の最重要なテーマといえる。二〇一〇年のノーベル化学賞を受賞した根岸英一博士は、近年この人工光合成のプロジェクトを立ち上げ、多くの化学者を率いてこの問題に取り組もうとしている。氏の受賞対象となった研究は、金属触媒を用いて炭素同士を結合させる「クロスカップリング反応」の開発であった。ここで得られた多くの知見を、今後は人工光合成に応用してゆこうというもので、さすがの炯眼という他はない。あたかも、空気からアンモニアを作り出すことを提唱したクルックス博士のような役回りといえる。こうした動きはもちろん日本だけではなく、たとえばカリフォルニア工科大などでも百億円以上の予算がつけられ、研究が動き始めている。

とはいえ人工光合成は、実に難しいテーマでもある。今まで人類は、自然が生み出したものに学ぶことで、これに並ぶもの、あるいは超えるものをいくつも創出してきた。だが光合成は、自然の創り出したあらゆるシステムの中で、最も複雑精妙なもののひとつだ。一枚の木の葉が難なくやってのける光合成は、現代の科学にとってもまだまだ歯が立たない営みなのだ。

しかし最近になり、豊田中央研究所とパナソニックのグループが、それぞれのやり方で人工光合成を成し遂げた。彼らは二酸化炭素と水に光エネルギーを加えることで、蟻酸（HCO_2H）という簡単な炭素化合物を合成することに成功したのだ。両チームとも、葉緑体を基礎とした電子伝達系という、自然の生み出したシステムの模倣をするのではなく、光触媒や半導体といった全く人工的な物質を組み合わせて、光合成を実現している。これは画期的といってよい成果で、人類が大気から炭素を取り戻すための重い扉を、ついに僅かながらこじ開けて見せたといえるだろう。

とはいえ、これはまだまだ第一歩を踏み出しただけの段階に過ぎない。大気中に〇・〇四パーセントしかない二酸化炭素を効率よく集め、薄く広く分散している太陽光だけをエネルギー源として、必要な炭素化合物を自在に作り出すことは、まだまだ遥か先の目標だ。それを成し遂げるのは、化学という分野にとって、また人類全体にとっての「究極の夢」となることだろう。

石油を作る藻

人工光合成は今後の重要課題ではあるが、今のところはまだ端緒に就いたばかりの技術に過ぎない。完成された光合成システムを持ち、自己増殖までする生物の素晴らしいシステムを、大気中炭素の回収に活用しない手はない。先述したバイオエタノールもそのひとつではあるが、収穫・発酵・精製などの段階を踏むうちに、せっかくの太陽光エネルギーの大半が失われてしまう。もっと直接的に、エネルギー源となる化合物を生み出す生物がいれば、それに越したことはない。

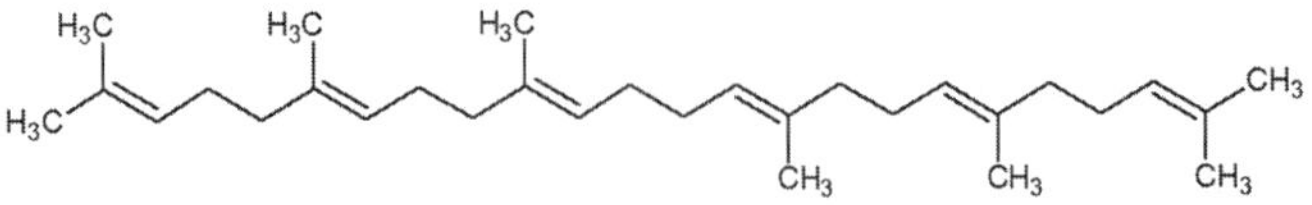

スクアレン

最近注目されているのは、オーランチオキトリウムという、大きさがわずか一〇〇分の一ミリメートルしかない藻類だ。二〇〇九年、筑波大学の渡邉信教授が、沖縄の海で発見した。これは各種の炭素化合物を食べて、スクアレンという物質を作り出す性質を持つ。スクアレンは炭素三〇個を含む炭化水素であり、石油から得られる重油と本質的に変わりない。

オーランチオキトリウムの凄さは、その増殖速度にある。適切な環境に置いてやれば四時間ごとに倍々に増えてゆき、これらが一斉にスクアレンを生産する。下水などの有機物でこれを育ててやれば、一ヘクタールあたり一万トンの油が生産できる可能性があるという。光合成を行う他の藻類と組み合わせれば、大気中の二酸化炭素を油に変える技術になりうる。

日本の休耕田の五パーセントに当たる、二万ヘクタールをオーランチオキトリウム生産に充てれば、我が国の年間石油消費量をまかなえる計算になる。もちろんこれは全てが理想的に運んだ場合の数値ではあるが、日本が産油国になれるかもしれないと思えば、これほど夢のある研究もない。

炭素を大気から取り戻すのは、今後人類が存続してゆくためにどうしても必要な技術だ。オーランチオキトリウムは、その実現に向けていま最も近いところにいる。一刻も早い実用化に向け、十分なリソースが投入されることを望みたい。

持続可能な地球に向けて

一冊を費やして、我々人類と炭素の長い付き合いについて述べてきた。これまで人類が築き上げてきた文明には、ひとつのデッドエンドが見えてきつつある。各種の資源が不足し、このままの形で人口増加が続けば、いずれ破綻は避けられない。少なくとも、現在の先進国のようなライフスタイルで七〇億の人間が生きていくことは、どうあがいても不可能だ。

二一世紀の人類は、ハードランディング――古代中国のように、戦乱を繰り返して人口が激減するような――を避けて、できる限り穏やかに、地球と人の均衡点に着地する努力をしなければならない。

原発事故以後、「エネルギー浪費のライフスタイルなどやめて、江戸時代の暮らしに戻ればよい」といった論調を少なからず目にした。だが、技術と社会を昔に戻すことはできない。単純な話、一九世紀の技術で養うことのできる人口は二〇億人ほどに過ぎないから、江戸時代に帰れということは、五〇億人に死ねと言っているに等しい。過去に学ぶことはもちろん多いが、後戻りすることに意味はない。道は、前方にのみ拓かれる。

そこには、魔法の杖のように全てを一気に解決する答えはありえない。省エネルギー、食料生産の改良、安全かつ十分な資源の開発、都市と交通システムの再構築、そしてもちろん我々の意識改革などなど、あらゆる分野にわたっての努力が必要になる。できることは全て行う、人類挙げての総力戦とならざるを得ない。その中でも、エネルギーの確保と、炭素循環経路の確立は、最重要のピースとなるであろう。

人類は炭素によって生かされ、歴史は炭素化合物につれて動いてきた。今後の我々の未来を支え、道を切り開くのは、炭素をマネジメントする技術に他ならない。人類の明日のため、炭素という小さく平凡で、それでいて不思議な力を秘めた元素に、光が当たることを願ってやまない。

おわりに

一冊を費やして、炭素化合物と歴史との関わりについて述べてきた。もともと、筆者は大学・大学院で有機化学を専攻し、製薬企業で十年あまり研究者として働いてきた経歴の人間だ。原子や分子のことは多少わかっても、科学史や世界史についてアカデミックな専門教育を受けてきたわけではない。人類の歴史を語り、「文明論」などと大上段に振りかぶった本を書くような柄でないことは、誰よりも筆者自身が一番よく承知している。

その上で敢えてこうした本を書いたのは、ひとつには化学に対する関心の低さを、少しでも改善したいという思いがあったためだ。書店を覗いてみればわかる通り、化学関連の一般向け書籍は極めて少ない。天体物理学、量子力学、数学、脳科学、生物学などのジャンルには、話題を呼んだ本がいくつでも思いつく。しかし、実生活に最も近いところにあるはずの、化学についての語った本がベストセラーになった例は、ほとんど皆無といってよいのではないだろうか。

化学に人気がないのは、何も書店の棚においてだけではない。大学でも、化学科は就職率の最もよい学科の一つにもかかわらず、志望者数は時に物理学や生物学の後塵を拝する。世界の化学の総本山というべきアメリカ化学会においてさえ、イメージ刷新のために「分子科学工学会」と名前を改める動きがあったというから、化学の不人気は何も日本に限った現象ではないようだ。

しかし一方で、現代の世界における化学の重要性は増しつつある。これは、決して化学出身者の身びいきではない。いま人類は、人口爆発、貧困、気候変動、資源及びエネルギーの確保、食料の増産、各種汚染物質の削減、がんや認知症、新興感染症への対策などなど数多くの問題を抱え込んでいる。これらを解決することなくして、人類は二二世紀の夜明けを迎えることはないだろう。

そしてこれら諸問題は、いずれも化学に深い関わりを持つ。エネルギー源や肥料、医薬となる化合物を生み出すのも、汚染物質や過剰な二酸化炭素を出さずに必要なものを作るのも、みな化学抜きには実現できない。化学が、今までこの世になかった物質を創り出すことができるという、著しい特色を持つ学問分野であることを考えれば、これも当然といえよう。中でも最も豊かな可能性を持つ、「炭素」こそが鍵を握る存在であることは、本文中でも何度も述べた通りだ。

ところが近年、「低炭素社会」「カーボンフリー」などという言葉に象徴されるように、何やら炭素は邪魔者、悪者であるかのように扱われている。しかし、炭素こそは生命・文明にとってのキープレイヤーであり、そこには現在よりもさらに多くの注目が注がれるべきだ――本書を書き進めてきたエネルギーは、そうした思いであった。

こうした構想は、何も筆者一人の頭から出てきたものではない。二〇〇九年から三年の間、筆者は東京大学に籍を置き、中村栄一教授をリーダーとする学部間を横断する研究プロジェクトの構築作業に関わった。ここで化学・工学・植物学・生命科学・経済学など、幅広い分野のトップ研究者の意見に接したことが、本書の構想に重要な基盤を与えてくれた。

また筆者は、日本化学会が二〇一二年にまとめた「三〇年後の化学の夢ロードマップ」の編集にも参加させていただいた。これは、三〇年後にどのような研究が行われているか、どのような事柄が実現されて、どのように社会に貢献しているか、化学の各分野の精鋭による未来予測をまとめ、今後の化学界の羅針盤とするという企画であった。ここで、今まさに学問の最前線に立つ研究者たちが抱いている問題意識に直接触れたことは、特に本書の後半部分に大きな影響を与えている。関わった研究者の諸氏に対し、ここに謝意を表したい。

道に踏み迷った時には、まず自分の現在位置を確認すること、そしてもと来た道がどれであったかを、きちんと把握することが肝要だ。歴史を学ぶ意義のひとつも、未来を出来る限り正確に見通すために、過去の人類の体験を振り返る点にあるだろう。「炭素の世紀」といわれる二一世紀が始まって十数年、ここで炭素の歴史を振り返っておく意義は十分にあると思う。

もちろん筆者は、人類の来し方を正しく分析し、これから行くべき道を指し示す能力など持ち合わせてはいない。しかし、炭素と世界史の関わりを自分なりに提示して人々の関心を引きつけ、よりよい道筋を探りだす手助けをする程度ならできるのではないか――と、蛮勇をふるってみた結果、出来上がったのが本書だ。炭素という、目には見えないほど小さく、驚くほど身近なスーパースターの素顔に、目を向けるきっかけとなれば、著者として望外の喜びだ。

佐藤　健太郎

主要参考文献

全般

『銃・病原菌・鉄』(上・下)ジャレド・ダイアモンド、草思社

『スパイス、爆薬、医薬品』P・ルクーター、J・バーレサン、中央公論新社

『文明はなぜ崩壊するのか』レベッカ・コスタ、原書房

『一目でポイントがわかる!　科学で見る!　世界史』篠田謙一他、学研

『人類が知っていることすべての短い歴史』ビル・ブライソン、NHK出版

『ヴォート　生化学』(上・下)ドナルド・ヴォート他、東京化学同人

序章

『化学物語25講』芝哲夫、化学同人

『麻薬とは何か　「禁断の果実」五千年史』佐藤哲彦他、新潮社

『阿片の中国史』譚璐美、新潮社

『新化学読本　化ける、変わるを学ぶ』山崎幹夫、白日社

第1章

『気候文明史』田家康、日本経済新聞出版社

『ジャガイモの世界史　歴史を動かした「貧者のパン」』伊藤章治、中央公論新社

『日本の米　環境と文化はかく作られた』富山和子、中央公論新社

『パンドラの種』スペンサー・ウェルズ、化学同人

『食の終焉』ポール・ロバーツ、ダイヤモンド社
『食の世界地図』21世紀研究会編、文藝春秋
『知っておきたい「食」の世界史』宮崎正勝、角川学芸出版
『食文化入門』石毛直道他編、講談社

第2章

『シュガーロード』明坂英二、長崎新聞社
『砂糖のイスラーム生活史』佐藤次高、岩波書店
『砂糖の世界史』川北稔、岩波書店
『砂糖の歴史』エリザベス・アボット、河出書房新社

第3章

『図解　食の歴史』高平鳴海、新紀元社
『美食の歴史2000年』パトリス・ジェリネ、原書房
『スパイスの人類史』アンドリュー・ドルビー、原書房
『スパイスなんでも小事典』日本香辛料研究会、講談社
『文明を変えた植物たち　コロンブスが遺した種子』酒井伸雄、NHK出版
『海の都の物語』塩野七生、新潮社
『疫病と世界史』(上・下)ウィリアム・H・マクニール、中央公論新社

第4章

『化学者池田菊苗　漱石・旨味・ドイツ』廣田鋼藏、東京化学同人
『「うま味」を発見した男』上山明博、PHP研究所

「One Hundred Years since the Discovery of the "Umami" Taste from Seaweed Broth by Kikunae Ikeda, who Transcended his Time」Eiichi Nakamura, Chemistry-An Asian Journal Vol. 6, Issue 7, pages 1659-1663 (2011)
『うま味って何だろう』栗原堅三、岩波書店
『アミノ酸の科学』櫻庭雅文、講談社
『からだと化学物質』ジョン・エムズリー、ピーター・フェル、丸善

第5章

『タバコが語る世界史』和田光弘、山川出版社
『たばこの「謎」を解く』コネスール、スタジオダンク
『脳学』石浦章一、講談社サイエンティフィク
『遺伝子が明かす脳と心のからくり』石浦章一、羊土社

第6章

『カフェイン大全』ベネット・アラン・ワインバーグ他、八坂書房
『世界を変えた6つの飲み物』トム・スタンデージ、合同出版
『チョコレートの世界史』武田尚子、中央公論新社
『茶　利休と今をつなぐ』千宗屋、新潮社
『茶の文化史　喫茶のはじまりから煎茶へ』小川後楽、NHK出版

第7章

『徹底図解痛風　激痛発作を防いで治す』西岡久寿樹、法研
『メディチ家』森田義之、講談社

『システィーナのミケランジェロ』青木昭、小学館
『蒙古襲来　転換する社会』網野善彦、小学館
第8章
『知っておきたい「酒」の世界史』宮崎正勝、角川学芸出版
『日本酒』秋山裕一、岩波書店
『酒の話』小泉武夫、講談社
『居酒屋の世界史』下田淳、講談社
『逆説・化学物質　あなたの常識に挑戦する』ジョン・エムズリー、丸善
『禁酒法「酒のない社会」の実験』岡本勝、講談社
『バイオ燃料　畑でつくるエネルギー』天笠啓祐、コモンズ
第9章
『飛び道具の人類史』アルフレッド・W・クロスビー、紀伊國屋書店
『ユナボマー　爆弾魔の狂気―FBI史上最長十八年間、全米を恐怖に陥れた男』タイム誌編集記者、KKベストセラーズ
『コンスタンティノープルの陥落』塩野七生、新潮社
『アルフレッド・ノーベル伝　ゾフィーへの218通の手紙から』ケンネ・ファント、新評論
『日本海海戦かく勝てり』半藤一利、戸高一成、PHP研究所
第10章
『大気を変える錬金術　ハーバー、ボッシュと化学の世紀』トーマス・ヘイガー、みすず書房
『毒ガス開発の父ハーバー　愛国心を裏切られた科学者』宮田親平、朝日新聞社

日経サイエンス2010年5月号「もうひとつの地球環境問題　活性窒素」A・R・タウンゼンド、R・W・ハウワース

第11章
『石油の歴史　ロックフェラーから湾岸戦争後の世界まで』エティエンヌ・ダルモン、ジャン・カリエ、白水社
『世界エネルギー市場　石油・天然ガス・電気・原子力・新エネルギー・地球環境をめぐる21世紀の経済戦争』ジャン＝マリー・シュヴァリエ、作品社
『シェールガス革命とは何か　エネルギー救世主が未来を変える』伊原賢、東洋経済新報社

終章
『地球温暖化バッシング』レイモンド・S・ブラッドレー、化学同人
『創薬科学入門』佐藤健太郎、オーム社
『サンゴとサンゴ礁のはなし　南の海のふしぎな生態系』本川達雄、中央公論新社
『興亡の世界史20　人類はどこへ行くのか』福井憲彦他、講談社

※本書に掲載された化学式・構造式等の図版は、すべて著者がフリーソフトを使って制作したものです。但し一五頁の周期表のみ松永レイが制作。

新潮選書

※本書は、「新潮45」(2012年6月号～2012年12月号)に連載された
「世界史を変えた化学物質」に、大幅に加筆修正をしたものです。

炭《たん》素《そ》文明論《ぶんめいろん》　「元素《げんそ》の王者《おうじゃ》」が歴史《れきし》を動《うご》かす

著　者………………佐藤健太郎《さとうけんたろう》

発　行………………2013年7月25日
11　刷………………2024年9月30日

発行者………………佐藤隆信
発行所………………株式会社新潮社
〒162-8711 東京都新宿区矢来町71
電話　編集部 03-3266-5611
　　　読者係 03-3266-5111
https://www.shinchosha.co.jp
印刷所………………株式会社三秀舎
製本所………………株式会社大進堂

乱丁・落丁本は、ご面倒ですが小社読者係宛お送り下さい。送料小社負担にてお取替えいたします。
価格はカバーに表示してあります。

ISBN978-4-10-603732-0 C0343